U0174739

[英] 马克·弗拉里 ◎ 著

Mark Frary

季策 ◎ 译

小时读懂数学

1 AN HOUR

机械工业出版社

CHINA MACHINE PRESS

从数学符号到代数运算，从几何学到微积分，从概率分布到无穷级数，从数字的发展史到古往今来的伟大数学家，这本迷人的极简数学指南包含了丰富的知识。本书用简洁明了的语言、生动形象的插图、浅显易懂的论证和严谨缜密的逻辑，深入浅出地讲解了人类历史上那些伟大的数学成就背后蕴含的原理，并通过典型的例子和可供检验能力的习题，让你能更好地理解深奥的数学概念，让非凡的数学世界变得触手可及。打开本书，让我们开启神奇的1小时数学之旅吧！

Conceived and produced by Elwin Street Productions Limited
Copyright Elwin Street Productions Limited 2019
14 Clerkenwell Green
London EC1R 0DP
www.elwinstreet.com

北京市版权局著作权合同登记 图字：01-2020-0398 号。

图书在版编目（CIP）数据

1小时读懂数学 /（英）马克·弗拉里（Mark Frary）著；季策译.
— 北京：机械工业出版社，2020.7（2023.9 重印）
书名原文：Math In Your Pocket
ISBN 978-7-111-66158-0

Ⅰ.①1… Ⅱ.①马… ②季… Ⅲ.①数学 – 普及读物 Ⅳ.①O1-49

中国版本图书馆CIP数据核字（2020）第132210号

机械工业出版社（北京市百万庄大街22号 邮政编码100037）
策划编辑：蔡 浩 责任编辑：蔡 浩
责任校对：黄兴伟 责任印制：张 博
北京利丰雅高长城印刷有限公司印刷

2023年9月第1版第5次印刷
130mm×184mm·4.75印张·2插页·110千字
标准书号：ISBN 978-7-111-66158-0
定价：49.00元

电话服务 网络服务
客服电话：010-88361066 机 工 官 网：www.cmpbook.com
010-88379833 机 工 官 博：weibo.com/cmp1952
010-68326294 金 书 网：www.golden-book.com
封底无防伪标均为盗版 机工教育服务网：www.cmpedu.com

目 录

数的故事

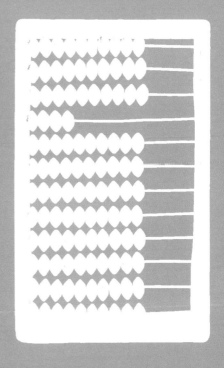

什么是数字?

很难想象没有数字的世界。有证据表明早在公元前3000年甚至更早人们就已经开始使用数字了。在那时,数字被用来表示物品的数量多少,比如"三头牛"。不过那时没有表示数字的具体符号,人们用一些称为"计数标记"的记号来表示数量,比如四个这样的记号就表示"4",以此类推。

最早的数字

最早使用数字的痕迹是在现在的阿富汗东部和印度旁遮普邦北部的石刻中被发现的。直到公元3世纪,当地都在使用一种叫佉卢文(Kharosthi)的字母和数字混合的文字系统。随着时间的演变,数字的表示也愈发复杂。许多文明用字母符号或者单词来表示数字一、二、三等，但是这使得用它们进行数学运算变得非常困难。

人们在非洲发现了约公元前2万年的伊尚戈骨，它可能是世界上最古老的数学文物，契刻了一系列似乎代表数字的标记。

现代数字的起源

人们认为现代的数字符号起源于公元前3世纪的古印度数学家（见下页表格）。

到了公元前1世纪，这些符号已经得到发展，如表中所示的萨卡（Saka）数字。萨卡人是一个生活在现在伊朗境内的游牧部落。而在印度马哈拉施特拉邦一个洞穴系统中发现的数字表明，到公元200年，这些数字与我们现在所使用的数字更加接近。到了公元10世纪，数字已经与我们现在的数字非常相似了。戈巴尔（Gobar）数字就被认为是由阿拉伯人从印度传到西班牙的。

古往今来的数字[一]

佉卢数字 公元前300年	婆罗米数字 公元前300年	萨卡数字 公元前100年	纳西克数字 公元前200年	罗马数字 公元前/公元100年至今	戈巴尔数字 公元900年	东部阿拉伯数字 公元900年至今	印度－阿拉伯数字 公元900年至今
						◆	0
I	I	I	一	I			1
II	II	II	二	II			2
		III	三	III			3
IIII	十	×		IV或IIII			4
IIIII		IX		V			5
		IIX		VI			6
				VII			7
		××		VIII			8
				IX			9

○ 资料来源:《印度阿拉伯数字》(1911),大卫·尤金·史密斯和路易斯·查尔斯·卡尔平斯基著。空白处表示这个数字的写法未知。请注意,早期数字普遍缺少 0(在本书后面会有介绍)。一些数字有多种表示方法,都列在表中。

小知识 在印刷术发明之前，记录和使用这些数字的唯一方法就是重新抄写一遍，在抄录过程中数字的形状会不可避免地出现细微变化。

古代重要的数学中心

古巴比伦

古巴比伦文明发源于幼发拉底河和底格里斯河之间的流域，在今日伊拉克境内。在公元前 3000 年到公元前 540 年间，这里是古代数学的沃土。古巴比伦人继承了源于苏美尔人的一套基于 60 的进位制系统，即六十进制（正如我们如今使用的逢十进一的十进制）。

当地的数学家在分数和求解简单的二次方程的研究上也有所进展。在距今约 3800 年的一块被称为普林普顿 322 号的泥板上就刻有满足方程 $x - \dfrac{1}{x} = c$ 的一组解。

古埃及

大约在古巴比伦人制作普林普顿 322 号泥板的同时，古埃及人正在纸莎草纸上写下他们的数学想法。他们也开始使用分数，但仅仅是分子为 1 的分数，如 $\dfrac{1}{2}$、$\dfrac{1}{3}$、$\dfrac{1}{4}$。

其中，著名的莱茵德纸草书最早发现于埃及古城底比斯，1858 年由英国古埃及学家亚历山大·莱茵德购得，因而得名。这部纸草书可以追溯到公元前 1650 年，上面记载了古埃及人掌握的大量数学知识，包括对几何和代数的理解。

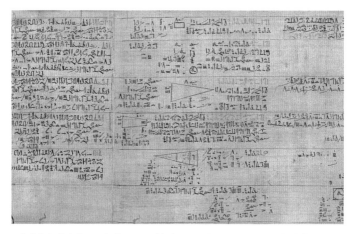

莱茵德纸草书的不同部分展现了对长方形、三角形以及锥形面积的计算。

同古巴比伦人一样，古埃及人似乎也开始将数学应用在实际问题中，比如如何分配食物以及计算一些物体的面积和体积。

古希腊

相比之下，古希腊人似乎是最早将数学作为独立的学科，而非解决问题的工具来进行研究的人。他们的主要成就集中在几何和数论领域，其中数论是研究数的特殊性质的数学分支。

古希腊人同样是最早关注数学证明这一概念的人，他们意识到可以通过演绎法去证明一个数学命题对任何情形都成立。

小知识 从公元前 6 世纪到公元 5 世纪，古希腊诞生了当时最重要的一些数学家，其中包括发现了毕达哥拉斯定理（即勾股定理）的毕达哥拉斯，对几何学有巨大贡献的欧几里得和泰勒斯，以及探索了极限概念的阿基米德。

古代中国

中国古代的早期数学历史与如何使用工具来计数息息相关。早在两千年前，中国与其他亚洲地区就已经开始使用被称为算筹的小棍子来表示数字了。

在公元前 1000 年到公元 100 年期间，《九章算术》被中国数学家逐步完善并成书，它表明中国古代数学家已经掌握了如何计算面积、体积和比例，对代数也有了实践上的认识。

古印度

就目前所知，古印度的数学起源于公元前 2500 年到公元前 1700 年的印度河流域，在这里人们使用小数来表示重量和长度。

一千年后，吠陀教的信徒开始在口口相传的《苏巴经》中传播关于建造祭坛的数学知识，其中就包括著名的毕达哥拉斯定理。

1881 年，著名的巴克沙利手稿在印度被发现。人们认为这一写在桦树皮上面的手稿可以追溯到公元 224 年到 383 年，里面有很多关于平方根和负数使用的讨论。

古代数学的时间线

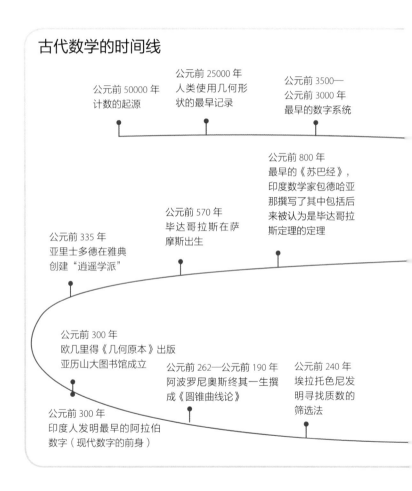

公元前 50000 年
计数的起源

公元前 25000 年
人类使用几何形状的最早记录

公元前 3500—
公元前 3000 年
最早的数字系统

公元前 800 年
最早的《苏巴经》，印度数学家包德哈亚那撰写了其中包括后来被认为是毕达哥拉斯定理的定理

公元前 570 年
毕达哥拉斯在萨摩斯出生

公元前 335 年
亚里士多德在雅典创建"逍遥学派"

公元前 300 年
欧几里得《几何原本》出版
亚历山大图书馆成立

公元前 262—公元前 190 年
阿波罗尼奥斯终其一生撰成《圆锥曲线论》

公元前 240 年
埃拉托色尼发明寻找质数的筛选法

公元前 300 年
印度人发明最早的阿拉伯数字（现代数字的前身）

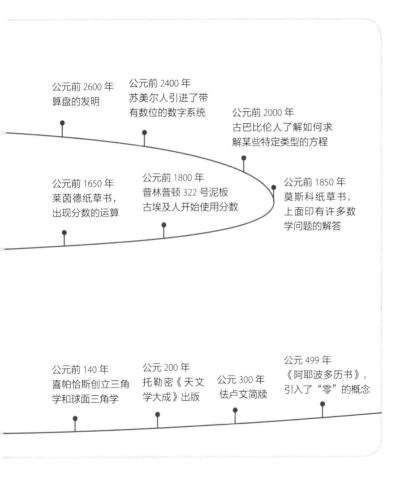

公元前 2600 年
算盘的发明

公元前 2400 年
苏美尔人引进了带
有数位的数字系统

公元前 2000 年
古巴比伦人了解如何求
解某些特定类型的方程

公元前 1650 年
莱茵德纸草书，
出现分数的运算

公元前 1800 年
普林普顿 322 号泥板
古埃及人开始使用分数

公元前 1850 年
莫斯科纸草书，
上面印有许多数
学问题的解答

公元前 140 年
喜帕恰斯创立三角
学和球面三角学

公元 200 年
托勒密《天文
学大成》出版

公元 300 年
佉卢文简牍

公元 499 年
《阿耶波多历书》，
引入了"零"的概念

古往今来的伟大数学家[一]

婆罗摩笈多
(598—668) 印度
零、负数、一次方程

阿尔·花剌子模
(780—850) 波斯
"代数"这一名词出自他
的著作

卡拉吉
(953—1029) 波斯
归纳法、代数学

莪默·伽亚谟
(1048—1123) 波斯
代数(使用 x 表示未知
数)、平行线的理论

阿德拉德
(1080—1152) 英国
将阿拉伯数学成果翻译为
拉丁文

婆什迦罗
(1114—1185) 印度
二次方程和三次方程、微
积分的早期概念、十进制

沙拉夫·丁·图西
(1135—1213) 波斯
函数的概念、三次方程

莱奥纳尔多·斐波那契
(1170—1250) 意大利
斐波那契数列、推广印
度－阿拉伯数字

尼科尔·奥雷斯姆
(1323—1382) 法国
坐标几何、分数幂

希皮奥内·德尔·费罗
(1465—1526) 意大利
三次方程求解

罗伯特·雷科德
(1510—1558) 威尔士
引入等号

洛多维科·费拉里
(1522—1565) 意大利
四次方程

巴塞洛缪·皮提斯卡斯
(1561—1613) 德国
三角学

威廉·奥特雷德
(1575—1660) 英国
引入乘法记号、正弦和余
弦的使用

勒内·笛卡尔
(1596—1650) 法国
解析几何、切线的研究、
微积分的奠基

皮埃尔·德·费马
(1601—1665) 法国
数论、微积分的奠基、费
马大定理

约翰·沃利斯
(1616—1703) 英国

幂的表示法、数轴、无穷
级数

布莱兹·帕斯卡
(1623—1662) 法国
二项式系数的帕斯卡三角
形、概率论

约翰·德·维特
(1625—1672) 荷兰
概率论

艾萨克·牛顿
(1642—1727) 英国
微积分、二项式定理、幂
级数

**戈特弗里德·威廉·莱布
尼茨**
(1646—1716) 德国
微积分、拓扑学、线性
方程

莱昂哈德·欧拉
(1707—1783) 瑞士
数学符号(e, i, $f(x)$
等)、幂级数、数论

玛丽亚·阿涅西
(1718—1799) 意大利
微分学与积分学

约瑟夫·拉格朗日
(1736—1813) 意大利
变分法、拉格朗日力学、
概率论、群论

[一] 有些数学家的生卒年份不详,只是大概的时间。

皮埃尔·西蒙·德·拉普拉斯

(1749—1827) 法国

统计学与概率论、微分方程

阿德利昂·玛利·埃·勒让德

(1752—1833) 法国

最小二乘法、统计学、椭圆函数、勒让德变换

卡尔·弗雷德里希·高斯

(1777—1855) 德国

数论、统计学、代数基本定理

奥古斯丁·路易斯·柯西

(1789—1857) 法国

微积分、复变函数理论

奥古斯特·莫比乌斯

(1790—1868) 德国

莫比乌斯带、数论

查尔斯·巴贝奇

(1791—1871) 英国

发明了差分机与分析机（现代计算机的前身）

卡尔·雅可比

(1804—1851) 德国

椭圆函数、数论

奥古斯塔斯·德·摩根

(1806—1871) 英国

代数规则、数学归纳法

埃瓦里斯特·伽罗瓦

(1811—1832) 法国

群论

乔治·布尔

(1815—1864) 英国

逻辑学

弗朗西斯·高尔顿

(1822—1911) 英国

标准差、回归分析

波恩哈德·黎曼

(1826—1866) 德国

黎曼几何、解析数论

索菲娅·柯瓦列夫斯卡娅

(1850—1891) 俄罗斯

分析学、偏微分方程

亨利·庞加莱

(1854—1912) 法国

庞加莱猜想、数学物理

安德雷·马尔可夫

(1856—1922) 俄罗斯

随机过程

大卫·希尔伯特

(1862—1943) 德国

不变量理论、泛函分析、希尔伯特空间

埃米·诺特

(1882—1935) 德国

抽象代数

罗伯特·穆尔

(1882—1974) 美国

拓扑学

赫尔曼·外尔

(1885—1955) 德国

流形与拓扑

诺伯特·维纳

(1894—1964) 美国

控制论

玛丽·卡特赖特

(1900—1998) 英国

混沌理论

约翰·冯·诺伊曼

(1903—1957) 美国

逻辑学、集合论、博弈论

安德雷·柯尔莫哥洛夫

(1903—1987) 俄罗斯

拓扑学、概率论、逻辑学

库尔特·哥德尔

(1906—1978) 美国

哥德尔不完备定理及其证明

阿兰·图灵

(1912—1954) 英国

算法、人工智能

保罗·埃尔德什

(1913—1996) 匈牙利

数论、组合数学、概率论

约翰·图基

(1915—2000) 美国

统计学

朱莉娅·罗宾逊

(1919—1985) 美国

决策问题

本华·曼德博

(1924—2010) 法国

分形几何

安德鲁·约翰·怀尔斯

(1953—) 英国

证明了费马大定理

计算机器

在历史上，数学家和普通劳动者们使用了很多设备来帮助他们处理数字。

算盘

"abacus"（算盘）这一词汇来源于古希腊语"abax"，至今算盘还在使用。我们并不清楚是谁发明了算盘，但很多迹象表明可能是几千年前定居在两河流域的苏美尔人。直至今日算盘的形式也没有很大变化：一个框架内的柱子上串有珠子，每一列代表前一列的某个倍数，对苏美尔人和他们的六十进制系统，这个倍数是 60；而在十进制下，这个倍数是 10。

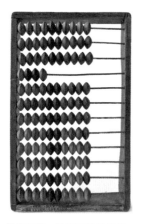

算盘是第一种真正的计算机器，可能是公元前 2600 年左右苏美尔人发明的。

安迪基西拉装置

算盘是一种比较简单的设备，但是安迪基西拉装置则不然。这个装置于 1901 年在希腊的安迪基西拉岛的一艘沉船上被发现，由 30 个复杂的连锁齿轮组成。研究人员认为这是一台用于天文学预测的高精度计算机器，很可能是在公元前150年到公元前100年之间制造的，这表明古希腊对数学的理解比以前人们认为的更为复杂。

计算钟

很久之后，在1623年，德国人威廉·施卡德发明了计算机的雏形。这种计算钟是用时钟的齿轮制造的，可以进行六位数的加减法运算。

帕斯卡计算器

法国数学家和哲学家布莱兹·帕斯卡在1642年至1645年间制造了这种机械加法运算器。它可以进行八位数的加减法运算。

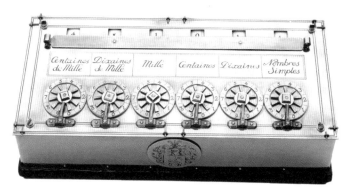

17世纪生产的帕斯卡计算器。

莱布尼茨的计算机

在 1673 年，以（与牛顿一道）发明微积分著称的德国数学家戈特弗里德·莱布尼茨发明了一种比帕斯卡计算器更加复杂的机器，它可以进行乘法、除法和求平方根的运算。

差分机

在 1822 年，英国数学家查尔斯·巴贝奇建议制造一台蒸汽动力的机械计算机，以准确地自动生成对数表。尽管从英国政府那里获得了大量资金，但他并未制造出这一称为差分机的计算机，而是计划制造一种更通用的机械计算机——分析机，不过同样没有完成。在 1991 年，伦敦科学博物馆利用巴贝奇的设计最终建造了一台可以工作的差分机。

最早的便携式计算器

第一款真正的便携式计算器 Busicom LE-120A 出现在 1971 年。它有一个 12 位的显示器，只能用固定的小数点。第二年，惠普推出了第一款便携式科学计算器 HP-35，它可以计算正弦和余弦。在此之前的便携式计算器只能进行加减乘除四则运算。

伦敦科学博物馆的工程师根据查尔斯·巴贝奇在 1847
年到 1849 年间的设计建造了差分机，它能够计算数值
并自动打印结果。

数学概念

数学符号

十进制的数字系统看上去似乎比其他进制更合乎逻辑。人们通常认为十进制的发展是因为人有十根手指，但是这解释不了为何古巴比伦的伟大数学家们使用六十进制。

零

虽然古巴比伦数学家的六十进制没有能够被现代数学采纳，但是他们发明的另一个概念——零——却得到了重视。为什么我们需要它？也许零最有用的一面就是你不需要像古罗马人那样发明许多新的符号和规则去表示大数了，如：

$$I = 1$$
$$X = 10$$
$$C = 100$$
$$M = 1000$$

当进行计算时，古罗马人计数方式的问题就暴露了出来——在纸上用罗马数字做加减法并非易事。

零可以帮助人们解决这些限制，因为它可以作为一个占位符，解放了数字"1"到数字"9"，让它们作为表示数量多少的指标。因此，数字"3"可以用来表示3，30，300，3000，…这样无限延伸下去的序列中的数字，仅仅通过增加零的个数来区别。零作为一个占位符也让处理大数（无论多大）变得相当简单。

负数

负数早在公元前4世纪就已经出现，甚至更早的时候。这是从中国战国时期的墓葬中发现的小棒得知的，这些小棒被用来计算，表示正数的被涂成红色，表示负数的被涂成黑色。

小知识 公元7世纪婆罗摩笈多首次提出有关零的计算规则，将零作为一个普通的数字来使用，这些规则包括：零加零等于零，零乘以任意数等于零。

婆罗摩笈多的规则

印度数学家婆罗摩笈多确立了一套处理负数（被称作"债"）和正数（被称作"财"）的规则：

婆罗摩笈多的规则	它的数学意义
零减去"债"就是"财"	零减去负数就是正数
零减去"财"就是"债"	零减去正数就是负数

(续)

婆罗摩笈多的规则	它的数学意义
两个"债"相乘或相除就是"财"	两个负数的积或商是正数
"债"和"财"相乘或相除就是"债"	负数乘以或除以正数还是负数

自然数

数学家把我们日常用来计数和排序的数称为自然数，例如"4"：休斯敦是美国人口排名第4的城市。有些数学家把数字"0"算作自然数，但有些数学家不这么认为，这也导致了激烈的争论。○

整数

整数是不包括分数或者小数的一类数。这意味着它包括了所有自然数和它们的相反数，比如 −4，−3，−2，−1，0，1，2，3，4，…两个整数相加、相减、相乘都会得到整数。

基本算术概念

方程和公式

方程是一个表述相等关系的数学式，而公式则有更广泛

○ 现在普遍认为，自然数包括"0"。——编者注

的意义，可以表述相等之外的关系。二者通常由常数、字母表示的未知量和运算符号组成。

乘法和加法

我们很容易验证 $1+2$ 和 $2+1$ 得到的结果相同。事实上，对于任意两个给定的数，交换它们的顺序不会改变它们相加的结果。用公式来表示的话，如果我们用 a 和 b 表示两个不同的数，那么始终有 $a+b=b+a$，不论你如何选取 a 和 b 的值。这称为加法的交换律。

乘法同样满足交换律，即 $a \times b = b \times a$。但是对减法和除法而言，交换减号、除号两侧的数字会得到不同的结果（$a-b \neq b-a$，$a \div b \neq b \div a$），除非 a 和 b 相等（对于除法来说，互为相反数的两个数也满足交换律）。

加法和乘法还满足结合律：

$$a + (b+c) = (a+b) + c$$
$$a \times (b \times c) = (a \times b) \times c$$

这意味着在相加（相乘）多个数的时候，不论以什么样的顺序运算，都会得到相同的结果。同样地，减法和除法并没有结合律。

在我们考虑代数结构的时候这两条运算律至关重要：我们可以把方程重新调整成更容易处理的形式。

除法

由于除法没有交换律，除号两侧的数地位不相等，所以用不同的名字加以区分。除号左侧的数称为被除数，除号右侧的数称为除数，相除得到的结果称为商。当我们考虑整数之间的除法时，如果被除数并不恰好是除数的某个（整数）倍数，则还会得到余数。我们可以具体地写出余数，如 $5 \div 2 = 2 \cdots\cdots 1$。但如果我们需要确切地知道两数相除的商，那么这个商往往需要写成分数或者小数的形式。

平方和指数

乘方或指数被用来表示很大的数或者复杂的乘积。关于指数最简单的例子就是平方。当你求一个数的平方时，其实是在用它乘以它自己，比如 3 的平方就是 3×3。数学家们把 3 的平方写成 3^2，其中右上角的 2 表示将两个 3 相乘，这个 2 就被称为指数或者幂次，3 被称为底数。

立方

求一个数的立方就是把三个这样的数相乘，比如 4 的立方就是 $4 \times 4 \times 4$ 或者写成 4^3，右上角的 3 表示由 3 个 4 相乘，即指数或幂次是 3，底数是 4。我们把"将 x 乘以 y 次"称为"x 的 y 次幂"，写作 x^y。

10 的幂次与科学计数法

以 10 为底数的幂可以用来表示很大的数。100 可以表示为 10 的平方（10^2），1000 为 10 的立方（10^3），10000 为 10 的四次方（10^4），以此类推。当数字特别大的时候使用这种计数方法就非常方便。写 10^{21} 要比写 10000000000000000000000 容易得多。

把右上角的指数换成负数，这种形式的计数方法也可以用来表示很小的分数，比如 $\frac{1}{2}$，可以表示成 2 的 -1 次幂，也就是 2^{-1}。类似地，$\frac{1}{4}$ 可以表示为 $\frac{1}{2^2}$ 或 2^{-2}。

把底数从 2 换成 10 也是类似的。10^{-2} 表示 $\frac{1}{10^2}$，10^{-3} 表示 $\frac{1}{10^3}$。任意一个足够小的数字都可以写成这样的 10 的负数次幂。比如 1.3×10^{-21} 就表示 1.3 除以 1000000000000000000000，或者写成 0.0000000000000000000013。这种用 10 的幂来表示较大或较小的数的记数方法就叫作科学记数法。

小试牛刀：超级幂

科学计数法可以用来表示任意数，不论是百万、千万、亿，还是更大的数，只需要把一个在 1 和 10 之间的数乘以足够多的 10 就可以。比如 1.3×10^{21} 就是 1300000000000000000000。

那么 7354267 怎么写成 10 的幂的形式呢？

乘方根

乘方根的运算是乘方的逆运算。我们知道，9 可以看作 3^2，或者 3×3，那么反过来看，3 就是 9 的平方根，即 $\sqrt{9}$。类似地，27 可以看作是 3^3 或者 $3 \times 3 \times 3$，那么 3 就是 27 的立方根，即 $\sqrt[3]{27}$。

和乘方一样，乘方根也可以用幂来表示。一个数的平方根和这个数的 $\frac{1}{2}$ 次方是一样的，而一个数的立方根和这个数的 $\frac{1}{3}$ 次方是一样的。

尽管我们只举了常见的平方根和立方根的例子，但是类似地，能够对一些数求四次方根、五次方根、六次方根等。数学上甚至还可以计算一个数的一百万次方根。

十的数量级

10^9　吉萨金字塔的质量

10^6　航天飞机的发射质量

10^3　普通小型家用轿车的质量

10^{-2}　小鸟的质量

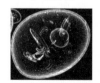

10^{-12}　人体细胞的质量

10^{-15}	质子的直径
10^{-14}	原子核的直径
10^{-13}	快速化学反应的持续时间
10^{-12}	人体细胞的质量
10^{-11}	从宇宙大爆炸到电磁力分离出来经过的时间
10^{-10}	中子的静质量能⊖
10^{-9}	细胞膜的厚度
10^{-8}	一粒沙子的质量
10^{-7}	可见光的波长
10^{-6}	一茶匙液体的体积
10^{-5}	人类头发的直径
10^{-4}	草履虫的长度
10^{-3}	苍蝇拍一次翅膀的时间
10^{-2}	小鸟的质量
10^{-1}	足球的直径
10^0	人类的身高
10^1	百米赛跑的世界纪录
10^2	足球场的长度
10^3	普通小型家用轿车的质量
10^4	地球上海洋最深处的深度
10^5	一天的长度
10^6	航天飞机的发射质量
10^7	地球赤道的长度
10^8	放射性元素钴-60 的半衰期
10^9	吉萨金字塔的质量
10^{10}	光在一分钟通过的距离
10^{11}	太阳与地球间的距离
10^{12}	2019 年世界石油产量
10^{13}	旅行者 1 号飞行的距离
10^{14}	台风每秒释放的能量
10^{15}	海王星的表面积
10^{16}	太阳到最近的恒星（比邻星）的距离
10^{17}	宇宙的年龄

这些数据只给出了近似的数量级，它们的单位分别是：长度——米，面积——平方米，体积——立方米，质量——千克，时间——秒，能量——焦耳。

⊖　静止物体本身所具有的固有能量。

分数

分数由分数线和两部分数字构成：分数线上面的数字称为分子，分数线下面的数字称为分母。

化简繁分数是一项需要掌握的常用技巧。考虑 $\frac{2}{4}$ 这个分数，如果我们把一个馅饼等分成四份，其中的两份加上阴影，我们会得到这样一个图。

显然，阴影部分的面积占馅饼面积的 $\frac{2}{4}$，从整体上看，它又是整块馅饼的一半，所以 $\frac{2}{4} = \frac{1}{2}$。在数学上也可以通过一些基本的法则来化简这个分数。分母 4 可以写成 2×2，分子 2 可以写成 2×1，所以分数 $\frac{2}{4}$ 可以改写为 $\frac{2}{4} = \frac{2 \times 1}{2 \times 2}$。

接下来我们就可以进行约分处理。等式右边的分子和分母上都有数字 2，我们可以把分子和分母的 2 同时消掉，就得到了更简化的结果 $\frac{1}{2}$。对分子和分母有公因数的分数我们都可以进行约分。

小试牛刀：用倒数表示除法

在计算分数除法的时候使用倒数是非常有用的办法。规则就是：除以一个分数等价于乘以这个分数的分子分母交换位置以后的数，也就是它的倒数。一个数的倒数也等于 1 除以这个数。

练习一下：8 除以 0.25 的结果是多少？

小数

在 0 和 1 之间的一些数用分数表示比较方便，但是一些比较复杂的数就不太适合用分数表示了。小数就是基于数字 10 和它的幂来表示的，它也能表示小于 1 的数。如果你将 12345 除以 10，得到的结果是 1234 余 5 或者 $1234\frac{5}{10}$。如果想把这个结果表示成小数，只需要在 1234 后加一个小数点，然后将余下的十分之几的"几"写在小数点后面。于是我们得到了结果 1234.5。

很小的数也可以用这样的方法表示。我们从小数点出发，每向左移动一位就相当于数位上的数字乘以 10，每向右移动一位就相当于除以 10，于是小数点左边的第一位数是个位、第二位是十位，而右边的第一位数是十分位、第二位数是百分位，以此类推。

我们检验一下：8.7654 就表示 $8+\frac{7}{10}+\frac{6}{100}+\frac{5}{1000}+\frac{4}{10000}$。

按数位舍入

在对小数位数较多的数进行计算时，为了方便或者不要求很高的精确度，有时候可以按一定的规则去掉这个数的一部分，用尽可能接近原数且位数较少的数来代替这个数，这个过程称为舍入。四舍五入是一种常见的舍入技巧。它的规则是：看精确位后一位的数字，如果大于等于 5 就进一位，小于 5 则舍去。精确到小数的十分位、百分位，就对应保留小数点后面的一位和两位。例如，2.7182 精确到十分位就是 2.7，精确到百分位就是 2.72。

有效数字

精确到几位有效数字是另一种舍入方法，这对于计算测量的准确性和精度很有帮助。考虑 123 除以 100000，我们得到 0.00123。小数点后紧跟着的两个零并不能告诉我们这个数的具体信息，只能告诉我们这个数有多小，这些数字就不是有效数字。所谓有效数字就是从第一个非零的数位，到最后一个数位之间的数字。相较于按数位舍入，我们也可以选择将数据精确到几位有效数字。例如，0.00123 精确到一位有效数字就是 0.001，精确到 2 位有效数字就是 0.0012。

百分数

百分数（或百分比）常被用来计算某个事物相比基础值增加或减少了多少。例如，一个孩子在两岁的时候身高 60 厘米，而三岁的时候身高 72 厘米，那么可以很快算出他一年长高了 12 厘米，但是 12 厘米相比 60 厘米长高了多少，还需要进行比较。

百分数来表示这种长高的比例就是一种办法。将原有数据除以 100，就得到它的百分之一（记作 1%）。当然我们并不需要反复试验累加这些 1%，我们可以使用下面的公式[○]：

$$数据变化百分比 = \frac{（新的数据 - 原有数据）}{原有数据} \times 100\%$$

具体到孩子长高的例子，那就有：

$$身高变化百分比 = \frac{（72-60）}{60} \times 100\% = 20\%$$

有理数和无理数

无理数是无法表示成分数 $\frac{p}{q}$ 形式的数，其中 p 和 q 都是整数。可以证明这样的数也无法表示成有限小数或者无限循

○ 使用这个公式的常见错误是把新的数据而非原有数据放在分母上。

环小数。比如 2 的平方根 $\sqrt{2}$，以及特殊的常数 π 和 e 都是无理数。其他可以表示成两个整数相除的分数、无限循环小数或有限小数都被称为有理数。

特殊的数

圆周率 π

圆周率 π 可能是最著名的特殊数。它被定义为圆的周长（圆周的长度）与直径（过圆心且端点在圆上的线段）长度的比值，等于 3.1415926535… 这个省略号表示它是无理数，省略的部分有无穷多位，而且没有出现循环。在公元前 3 世纪以前，人们近似地用 3 来表示圆周率并进行计算，直到阿

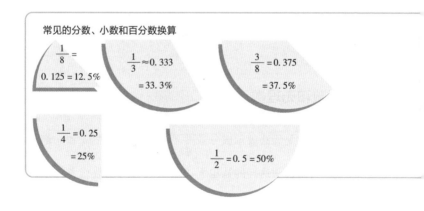

常见的分数、小数和百分数换算

$\frac{1}{8} = 0.125 = 12.5\%$

$\frac{1}{3} \approx 0.333 = 33.3\%$

$\frac{3}{8} = 0.375 = 37.5\%$

$\frac{1}{4} = 0.25 = 25\%$

$\frac{1}{2} = 0.5 = 50\%$

基米德将圆周率精确到 3.14。后来在公元 3 世纪,中国数学家刘徽用"割圆术"将圆周率精确到 3.1416。随着时间的推移,圆周率逐步被计算到了更精确的数位。

无穷大

严格意义上说无穷大并不是一个数。它用符号 ∞ 表示,用以说明一个"没有界限"的概念,也就是随便找一个数字,不管它有多大,无穷大都比这个数字还要大。比如你可以说下面这个没有穷尽的加法的和是无穷大:

$$1 + 2 + 4 + 8 + 16 + 32 + \cdots$$

无穷大经常被用来理解极限(limit)。比如说我们分析反

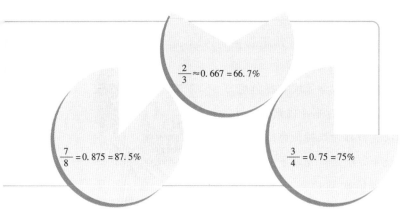

$$\frac{2}{3} \approx 0.667 = 66.7\%$$

$$\frac{7}{8} = 0.875 = 87.5\%$$

$$\frac{3}{4} = 0.75 = 75\%$$

比例函数 $y = \dfrac{1}{x}$，当 x 是一个正数而且不断增大的时候，$\dfrac{1}{x}$ 变得越来越小。当 x 趋近于无穷大时，$\dfrac{1}{x}$ 趋近于 0。数学家用下面的式子表示这个过程：

$$\lim_{x \to \infty} \frac{1}{x} = 0$$

其中，lim 为极限符号。这个式子的意思是：当 x 趋于无穷大时，$\dfrac{1}{x}$ 的极限就是 0。

素数

素数（或质数）是那些仅仅可以被 1 和它自身整除（相除没有余数）的自然数。最开始的几个素数列举如下：

2，3，5，7，11，13，17，19，23，…

希腊数学家欧几里得证明了素数有无穷多个。而另一位希腊数学家埃拉托色尼，则发现了一种寻找素数的方法，被称为埃拉托色尼筛法。这个方法是：先写下一串数，然后依次划掉 2 的倍数、3 的倍数、5 的倍数，以此类

除了在素数方面的贡献之外，埃拉托色尼还是第一个计算出地球周长的人。

36

推，直到划掉这串数中最大的数 n 的平方根（即 $\sqrt{n}$）的倍数。这样就筛掉了不大于 $\sqrt{n}$ 的所有素数的倍数，剩下的就是素数。

小知识 目前被确认的最大的素数为 $2^{82589933} - 1$，它有 24862048 位，是互联网梅森素数大搜索项目（GIMPS）于 2018 年发现的。

完美数

完美是如何定义的呢？在数学家看来，完美数有一个明确定义的数学性质。如果一个数的除它自身以外的所有因子相加的和恰好等于它本身，那么它就被称为完美数（或完全数）。

比如 6 就是一个完美数，除它本身以外的所有因子有 1、2、3，相加正好得到 6。

前 4 个完美数是 6、28、496 和 8128。目前发现的所有完美数都以 6 或 8 结尾。关于是否有奇数完美数还有些争议，目前没有人能证明奇数完美数不存在，但人们已经验证了 10^{300} 以下的自然数中不存在奇数完美数。

欧拉数 e[一]

另一个在数学上非常重要的数字 e，也被称为欧拉数，是以瑞士数学家莱昂哈德·欧拉的名字命名的。它精确到小数点后五位是 2.71828。当然它是无理数，也就意味着它是一个无限不循环的小数。目前数学家使用计算机已经算到了 e 的小数点后 1 万亿位。

e 的更精确的定义由下面的公式给出：

$$e = \lim_{n \to \infty} \left(1 + \frac{1}{n}\right)^n$$

我们先暂时不管极限符号，只看它右边的式子 $\left(1 + \frac{1}{n}\right)^n$。

随着 n 的变化，这个式子的值也在变化：如果取 $n = 2$，那么 $\left(1 + \frac{1}{2}\right)^2 = 2.25$；如果取 $n = 5$，则有 $\left(1 + \frac{1}{5}\right)^5 = 2.48832$；如果取 $n = 20000$，得到的结果是 2.718214——这个数字看起来是不是有点熟悉？随着 n 越来越大，得到的结果越来越接近这个神秘的数字 e。n 取到非常大的数，比能想象到的任何数都要大的时候，得到的结果就会无限接近 e，以至于二者的差能小于任意给定的足够小的数。如果我们真的能在计算器里输入 n 为无穷大的话，那么得到的结果就是 e。

[一] 欧拉数在不同的领域有不同的意义，欧拉作为大数学家，有很多数都以他的名字命名。 ——译者注

小知识 黄金分割比通常用希腊字母 φ 表示，大约等于 0.618。一些艺术家和建筑学家认为绘画和建筑（比如古希腊的帕特农神庙）按照黄金分割比来设计会更符合人的审美感觉。

小试牛刀： 运算顺序

在数学中进行加减乘除等运算时有标准的运算顺序：一般按从左往右的顺序，如有括号先算括号里的式子，对每个式子先算乘方（开根），再算乘除，最后算加减。

练习一下：$8 + (5 \times 4^2 + 2) = ?$

快捷计算

生活中会遇到很多复杂的乘法，有一些技巧可以帮助你有根据地快速猜测答案，尤其是在做选择题的时候。比如计算 97×1014 的结果，有三个选项：

$$13565，56018，98358$$

第一步需要看相乘的两个数的最后一位，分别是 7 和 4，两数相乘得到的结果是 28，而任何两个数相乘结果的末位一定是这两个数末位相乘的结果的末位，所以 97×1014 的最后一位肯定是8，这就排除了第一个选项。

最佳猜测

第二步就是有根据地猜测答案应该是什么。97 和 1014 两个数相乘，第一个数非常接近 100 而第二个数非常接近 1000，所以两者相乘的结果应该接近 100000。这意味着第三个选项应该是正确的。不妨现在就用计算器验证一下吧。

统计量

反映一组数据的一般情况的统计量有很多，下面列举几个数学家和统计学家常用的。

平均数

平均数通常指算术平均数，是由一组数据相加的总和除以数据的个数得到的。

使用平均数的一个问题在于它有时候无法反映现实的结果。如果你计算一个公司里员工的平均工资，那么公司的几名薪酬很高的管理人员就会极大地提高工资的平均值，而大多数普通员工的工资可能并不能达到平均工资的水准。

几何平均数

一组数据（a_1，a_2，$\cdots$，a_n）的几何平均数是通过计算这 n 个数相乘后开 n 次方得到的：

$$n \text{ 个数的几何平均数} = \sqrt[n]{a_1 a_2 \cdots a_n}$$

中位数

中位数是一组数据从小到大排列之后位于最中间的数。

众数

一组数据的众数是指这组数据中出现次数最多的数。比如，我们把一个班级的小朋友的年龄都写下来：6，6，7，7，7，7，7，7，8，8，8。那么这组数据的众数就是 7，因为它比 6 和 8 出现的次数更多。

斐波那契数列

通过找规律，猜猜这组数的下一个数是什么？

1，1，2，3，5，8，13，21，34，$\cdots$

答案是 55，但是看上去好像没有那么明显。我们可以检验一下每两个数之间的差来得到一些灵感。

数列是：

| 1 | 1 | 2 | 3 | 5 | 8 | 13 | 21 | 34 | … |

差是：

| | 0 | 1 | 1 | 2 | 3 | 5 | 8 | 13 | … |

除了第一个 0 以外，每一个差恰好是原数列的前一个数，这意味着 34 后面那个数应当是 34 与 21 的和，也就是 55。

这组数被称为斐波那契数列，以 13 世纪意大利数学家莱奥纳尔多·斐波那契的名字命名，他是西方第一个研究该数列的人（事实上，印度数学家很久以前就已经知道这一数列）。如今这个数列依然被用在包括金融市场在内的众多领域，而且在大自然中也有很多现象惊人地满足这个数列的规律。

很多花的花瓣数量都与斐波那契数相符。

等差数列

有一种数列被称为等差数列，从第 2 个数开始，每个数与前一个数的差都是相等的，这个差被称为公差。

计算等差数列的和有快速的方法，我们只需要调整一下求和的顺序。因为加法满足交换律，这意味着不论我们先把哪两个数相加都会得到相同的结果。具体来说，先把第一个数（首项）和最后一个数（末项）加起来，然后再看这个数列所有数的个数（项数），于是整个数列的和就等于首项加末项的和乘以项数除以 2。这个计算方法可以用于任何等差数列，不论这个数列多长（只要是有限长），也不论公差是多少。

小试牛刀：数列快速求和

怎么快速地给下面的数列求和？

$1 + 2 + 3 + 4 + 5 + 6 + 7 + 8 + 9 + 10 = ?$

（提示：先把第一个数和最后一个数相加，再把第二个数和倒数第二个数相加，以此类推，观察每一对数字的和是怎样的。这样你就能更好地理解上面给出的求和公式了。）

无穷求和

如果给你一个无限长的数列（也被称作级数）求和，那结果会是什么呢？你也许会想，结果肯定是无穷大！但是事实并非总是如此。

试着给下面的级数求和：

$$1 + 2 + 3 + 4 + 5 + 6 + 7 + 8 + \cdots$$

很明显答案是无穷大。一个和为无穷大的级数被称为发散级数。但是也有一些级数的和并不是无穷大，相反随着相加的个数越来越多，级数的和会趋近于某个特定的数，这种级数被称为收敛级数。一个最简单的例子就是下面这个级数：

$$1 + \frac{1}{2} + \frac{1}{4} + \frac{1}{8} + \frac{1}{16} + \frac{1}{32} + \cdots$$

在这个级数中，每个数都是前一个数的一半，最终这个级数的和等于多少呢？数学家已经证明，如果你不断地加下去，最终的结果等于 2。

一些重要的级数

某些无穷级数收敛到非常重要的值，比如 π 和 e：

$$\frac{\pi}{4} = 1 - \frac{1}{3} + \frac{1}{5} - \frac{1}{7} + \frac{1}{9} - \frac{1}{11} + \cdots$$

$$\frac{\pi^2}{12} = 1 - \frac{1}{4} + \frac{1}{9} - \frac{1}{16} + \frac{1}{25} - \frac{1}{36} + \cdots$$

$$e = 1 + \frac{1}{1!} + \frac{1}{2!} + \frac{1}{3!} + \frac{1}{4!} + \frac{1}{5!} + \cdots$$

$$\sin x = x - \frac{x^3}{3!} + \frac{x^5}{5!} - \frac{x^7}{7!} + \frac{x^9}{9!} - \cdots$$

$$\cos x = 1 - \frac{x^2}{2!} + \frac{x^4}{4!} - \frac{x^6}{6!} + \frac{x^8}{8!} - \cdots$$

其中的符号"!"表示阶乘,也就是将从1到该数之间的所有整数都乘起来,比如4! $= 1 \times 2 \times 3 \times 4 = 24$。在 sinx 和 cosx 中的 x 是以弧度制来表示的。弧度是用来表示角度的一个单位,就像"度"一样。一个圆周 360° 等于 2π 弧度,所以一弧度约等于 57.3°。

永远跃不过去的沙坑

想象一下跳进总长2米的沙坑。第一次跳1米,也就是总长的一半。第二次从中点起跳时,再跳剩下长度的一半。每次起跳都会让你越来越接近沙坑的另一端,但是因为每次都只跳剩下长度的一半,所以你永远也无法到达另一端。你可能会对这个实验结果感到困惑,它背后的原理其实是非常著名的芝诺悖论。

芝诺悖论

芝诺是公元前5世纪生活在古希腊埃利亚城邦的数学家和哲学家。尽管他的工作被亚里士多德和柏拉图记录了下来,但我们对他的生平仍知之甚少。他对数学世界的主要贡献在于一系列悖论——那些看上去似乎很对但是却导向明显错误结论的命题。

阿基里斯和乌龟赛跑

这是芝诺最著名的悖论，在亚里士多德的《物理学》中被记载。在这场赛跑中，善跑的英雄阿基里斯却永远无法超过缓慢爬行的乌龟。

我们设想一下：阿基里斯在和乌龟赛跑，阿基里斯每秒跑 5 米，乌龟每秒跑 0.5 米，考虑到乌龟跑得慢，起跑时乌龟已经位于阿基里斯前方 5 米处。起跑 1 秒后阿基里斯跑了 5 米，到达乌龟的起点，而乌龟向前爬了 0.5 米；在接下来的 0.1 秒内，阿基里斯到达了乌龟刚刚的位置，但乌龟又向前爬了 0.05 米……这个过程可以一直持续下去，每当阿基里斯到达乌龟上一阶段的位置时，乌龟又向前移动了，所以，阿基里斯总是落后。

有趣的结果

按照上面的说法，阿基里斯似乎永远无法追上乌龟，但这明显是错的。如果我们考虑百米赛跑（乌龟有 5 米的领先优势，只需要爬 95 米），那么阿基里斯只需要 20 秒就可以跑完全程，而乌龟则需要 190 秒。显然阿基里斯赢得轻而易举，所以这是一个悖论[⊖]。

⊖ 为什么这个悖论看上去是对的呢？很简单，这是芝诺的一个小把戏。虽然阿基里斯追赶乌龟的过程被他分割成了无数个部分，但是完成这无数个部分并不需要无限长的时间。按照上面给的数据，第一个阶段用时 1 秒，而第二个阶段只需要 0.1 秒，这样很容易可以算出来只需要 1.11111…秒，也就是不到 1.2 秒阿基里斯就可以追上乌龟。理解了这个例子，就可以更好地明白前面所提的无穷多个数相加的和不一定是无穷大。——译者注

几何学与三角学

几何学的历史

几何学，指的是研究点、线、面、形状等几何对象的学科，它的英文名称"geometry"源于古希腊语的"geo"（土地）和"metrein"（测量）。这种词源学的证据表明这个数学分支最早是为了处理日常事情而逐渐发展起来的，比如丈量土地或者建造房屋。

虽然"几何学[○]"这个词最早来源于希腊语，但几何学的概念在更早的时候就已经出现了。古巴比伦人和苏美尔人

来自耶鲁大学巴比伦藏品的 YBC 7289 号泥板，上面的内容表明他们对毕达哥拉斯定理已有所了解。

○ "geometry"中文翻译成几何，最早是在明朝由传教士利玛窦和我国数学家徐光启翻译《几何原本》时，由徐光启所确定的。至于为什么翻译成"几何"，有说法认为这是对"geo"的音译，同时又有"衡量大小"的意思，音义兼顾，乃神来之笔。——译者注

了解毕达哥拉斯定理比古希腊哲学家早数千年，虽然这个定理最终以古希腊数学家的名字命名。[⊙]而在莱茵德纸草书上的计算表明，古埃及人在 3500 年前就已经在使用几何学了。

欧几里得

我们对几何学早期历史的大量了解都来自古希腊数学家欧几里得的著作。欧几里得生活在公元前 325 年到公元前

欧几里得《几何原本》的早期拉丁文译本的插图，图中的女教师正在教学生几何学。

⊙ 毕达哥拉斯定理在中国也被称为勾股定理，中国古代数学家在周朝就已发现这一定理，比毕达哥拉斯早数百年。——译者注

265 年，在古埃及的亚历山大城教书。他的主要著作是 13 卷本的丛书《几何原本》，收集了大量更早的数学家对几何定理的证明，同时补充了自己原创的一些工作。

小知识 生活在公元前 800 年的印度数学家包德哈亚那是《苏巴经》的作者，这本书详细说明了如何修建宗教祭坛，书中也表明了古代印度人已了解毕达哥拉斯定理。

基本几何术语

点

点是最基本的几何概念之一，一个点表示一个具体的位置。点没有大小，可以处于整个宇宙的任何位置。

直线、交点和平面

将两个点笔直地连接起来，就得到了一条线段。你也可以将线段的端点向两个方向无穷延伸，那么得到的就是直线。

两条直线相交的地方被称为交点。两条永远不相交的直线被称为是相互平行的。

想象一下在你的手上平摊着一张纸，这张纸向任意方向都无限延伸，没有任何褶皱，这个无限大的平坦的面就被称为平面。

面积

在纸上画若干相交的直线，可以创造一个封闭的图形，我们用面积的概念来定义这个图形的大小。面积单位是长度单位的平方，比如平方米、平方千米等。除了表示二维图形的大小以外，面积还可以表示一个曲面或者其他形状物体外表的大小，比如我们可以定义一个球或者金字塔的表面积。

体积

体积的概念用来描述一个物体的各个表面包围了多少空间，它的单位是长度单位的立方，比如立方米。

角

角的英文名称"angle"来自拉丁语"angulus"，意为"角落"。它由两条有公共端点的射线组成，符号为∠，一般用希腊字母或英文大写字母表示。两条射线的公共端点被称为顶点。

角的大小与这个角所对的圆弧长度（s）除以这个圆的半径（r）的商成正比。

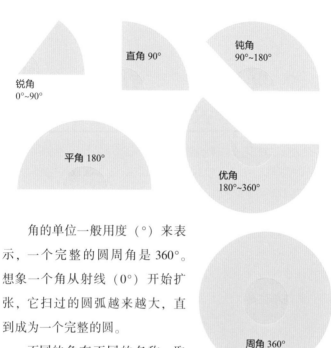

角的单位一般用度（°）来表示，一个完整的圆周角是 360°。想象一个角从射线（0°）开始扩张，它扫过的圆弧越来越大，直到成为一个完整的圆。

不同的角有不同的名称，取决于它们的大小，在图中标注了各种角的名称和对应的大小（范围）。

余角和补角

如果两个角的和为 180°，则称这两个角互补，其中一个角为另一个角的补角。如果两个角的和为 90°，则称这两个角互余，其中一个角为另一个角的余角。

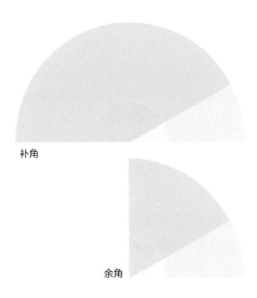

补角

余角

小知识 弧度也是衡量角度大小的单位。以一个角的顶点为圆心作任意半径的圆，这个圆被该角扫过的圆弧长与半径的比值就是该角的弧度。1 弧度的角约等于 57.3°，它扫过圆弧的长度恰好等于圆的半径。弧度单位常用在物理学和天文学上，被用来描述一些与圆或球相关的量，可以简化许多表达式。

正方形和长方形

我们能想到的最简单的几何图形可能就是正方形和长方

形了，它们都是四边形。所谓四边形，就是由四条边围成的几何图形。

长方形和正方形代表了一类四边形，它们的四个内角都是直角。这样的性质决定了长方形和正方形的每一组对边都是相互平行的。

正方形的四条边长度都是相等的，而长方形只有对边长度才相等。我们可以把正方形看成特殊的长方形。

面积的计算

想象一下你有一张纸，上面全是边长 1 厘米的小方格，在这个方格纸上画一个长为 4 厘米、宽为 3 厘米的长方形，如下图所示。

每一个边长 1 厘米的小方格都有 1 平方厘米的面积，而在这个长方形里有 12 个这样的小方格，也就是说它的面积是 12 平方厘米；另一方面，12 = 3 × 4，这意味着长方形的面积与它的长、宽有关。事实上长方形的面积等于长乘以宽。

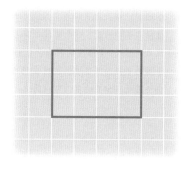

维度

简单来讲，维度是可测量的独立方向的数目。举例来说，一条线段只有1个维度（长度），而一个实际物体（比如书）就有3个维度（长、宽、高）。

三角形

在一张纸上画不共线的三个点，将这三个点两两用线段相连，就得到了一个三角形。虽然这个三角形的形状可能千奇百怪，但是它的三个内角的和永远是180°。

一个很简单的验证方法就是你可以将画出的三角形剪出来，把三个角撕下来，然后把它们的顶点重合，边两两对齐，再拿一个尺子去比较得到的角是不是一个平角，如下图所示。

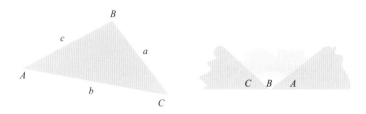

三角形的分类

根据各个边的长度关系，我们可以把三角形分成几类，如下表所示。（当然也可以根据是否有直角或钝角来把三角形分成锐角、直角、钝角三角形。）

三角形的类型	形状	描述
不等边三角形		三角形的三边互不相等，三个角也互不相等
等腰三角形（注：短线表示被标注的两边长相等）		三角形的两边相等，这两边对应的两角也相等
等边三角形		三角形的三边都相等，三个内角都是 60°

三角学

三角学是研究三角形的数学，已经有上千年的历史。古埃及人在建造金字塔时就已经对三角学有所了解，在莱茵德纸草书上就已经提到了三角学问题。然而，普遍认为古巴比伦人比古埃及人更早了解三角学。

三角形的术语

三角形的三个顶点通常用英文大写字母表示，比如图中的 A、B、C。对应的内角一般用和顶点相同的字母表示。这样我们便可以称这个三角形为 $\triangle ABC$。

当我们考虑直角三角形时，最长的那条边（与直角相对的边）被称为斜边。当我们确定直角三角形的形状时一般还需要知道另一个内角，与这个角相对的边叫作对边，而与它相邻的边叫作邻边。在右图中，对边和邻边是相对 $\angle A$ 而言的。

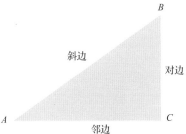

小知识　计算直角三角形的面积有一个简单的公式，即将两条直角边相乘再除以 2。（将两个相同的直角三角形沿斜边拼起来可以得到一个长方形，所以这个三角形的面积就是对应长方形面积的一半）。所以如果你有一个直角边分别为 3 厘米和 4 厘米的直角三角形，那么它的面积就是 $3 \times 4 \div 2$，也就是 6 平方厘米。

毕达哥拉斯定理

古希腊数学家毕达哥拉斯因他的确定直角三角形三边关系的定理而闻名（尽管在他之前已有人了解这一定理）。

这个定理只适用于直角三角形，它的内容是：将直角三角形的两条直角边边长分别平方相加，得到的和与斜边边长的平方相等。

所以如果我们有一个两条直角边分别为 3 厘米和 4 厘米的直角三角形，计算得到 $3^2 = 9$，$4^2 = 16$，两数相加得到 $9 + 16 = 25$，那么毕达哥拉斯定理告诉我们这就是斜边长的平方。而 25 等于 5 的平方，所以斜边长为 5 厘米。

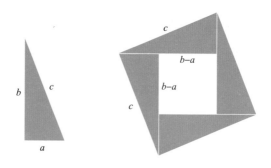

数学表达与证明

在上图中，左边蓝色三角形的面积是 a 乘以 b 除以 2；右边由 4 个同样的蓝色三角形围成，中间的白色区域是一个边长为 $b - a$ 的正方形。所以右边整个图形的面积就应当是四个三角形的面积加上一个正方形的面积，也就是：

$$4 \times \frac{a \times b}{2} + (b - a) \times (b - a)$$

它可以被化简成：

$$2ab + b^2 - 2ab + a^2 = a^2 + b^2$$

另一方面，我们又可以验证右边这个四边形事实上是一个正方形（它的每条边长都是 c，而且每个内角都是直角三角形两个锐角的和，也就是 $90°$）。所以它的面积就是 c^2。于是我们得到：

$$c^2 = a^2 + b^2$$

德国哲学家格雷戈尔·赖施的著作《哲学珍宝》（1503）中的插图，展示了使用阿拉伯数字和数学符号的波伊提乌（左）和使用算盘的毕达哥拉斯（右）进行比赛的场景。

这就是毕达哥拉斯定理的数学表达式。用字母代表数字就是代数的最初含义。除此之外，我们刚刚的计算过程还给出了毕达哥拉斯定理的一个证明。不论直角三角形的边长如何变化，这个证明都是正确的。这样的过程被称为数学证明。

三角函数

观察下边的两个直角三角形（图中数据不是实际长度）。第二个三角形只是相当于把第一个三角形的 *AB* 边放大了两倍而各个角都保持不变。*AB* 边变成了原来的 2 倍之后，你认为另外两条边会如何变化呢？如果你认为斜边和另一条直角边分别变成了 10 厘米和 6 厘米（原来的 2 倍），那么恭喜你答对了！有趣的地方在于，各个边长的比值并没有发生变化。

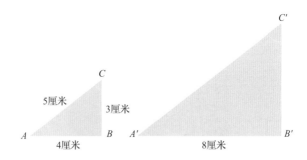

普遍的结论

事实上，对任意直角三角形都存在同样的结论：只要它们的三个角保持不变，那么三边长度的比值也不会变。[○] 这些由角度所确定的比值在数学上有特殊的名称——三角函数。常见的三角函数有正弦、余弦和正切，分别记作 sin、cos 和 tan。以直角三角形中的锐角 *A* 为例，三角函数的定义如下：

○ 事实上，这个结论对所有三角形都成立。——译者注

$$\angle A \text{ 的正弦} = \sin A = \frac{\text{对边长}}{\text{斜边长}}$$

$$\angle A \text{ 的余弦} = \cos A = \frac{\text{邻边长}}{\text{斜边长}}$$

$$\angle A \text{ 的正切} = \tan A = \frac{\text{对边长}}{\text{邻边长}}$$

在一个直角三角形中，如果你知道其中一个锐角的角度和任意一条边的长度，你就可以根据这个角的三角函数计算出剩下两条边的长度。

重要角度的三角函数值

角度	0°	30°	45°	60°	90°
正弦值	0	0.5	0.707	0.866	1
余弦值	1	0.866	0.707	0.5	0
正切值	0	0.577	1	1.732	∞

如果把从 0°~360° 的角的正弦值和余弦值都画出来（与角度一一对应），你会得到一条非常光滑的波浪线。而正切函数则大不相同，它的取值在 90° 和 270° 的时候为无穷大。注意到当角度大于 360° 的时候这些角实际上返回到了原来的位置，所以这些图象也会周期性地重复。

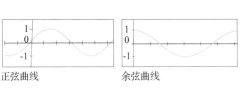

正弦曲线   余弦曲线

正切曲线

你会注意到正弦曲线和余弦曲线长得非常相像，实际上其中一条曲线在坐标轴上左右平移一小段后，就会与另一条重合。

小试牛刀：解三角形

直角三角形中，一个锐角的对边是 5.77 厘米，邻边是 10 厘米，那么这个角的大小是多少？根据你所掌握的三角形的知识，你知道另一个锐角的大小是多少吗？

其他三角函数

还有一些三角函数并不如前面几个三角函数出现的那么频繁，比如正割、余割和余切。

对应的函数	符号	计算方法
∠A 的正割	sec A	$\dfrac{斜边长}{邻边长}$
∠A 的余割	csc A	$\dfrac{斜边长}{对边长}$
∠A 的余切	cot A	$\dfrac{邻边长}{对边长}$

有时你也许会见到三角函数右上角有平方号，这主要是为了避免与 A^2 的三角函数值混淆：

$$\sin^2 A = \sin A \times \sin A = (\sin A)^2 \neq \sin A^2$$

$$\cos^2 A = \cos A \times \cos A = (\cos A)^2 \neq \cos A^2$$

三角恒等式

由毕达哥拉斯定理可知，对一个两直角边长分别为 a、b，斜边长为 c 的直角三角形，有以下公式：

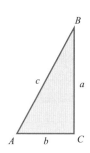

$$a^2 + b^2 = c^2 \quad (1)$$

而由三角函数的定义，我们知道：

$$\sin A = \frac{a}{c}, \ \cos A = \frac{b}{c}$$

如果我们将等式的两边同时平方，可以得到：

$$\sin^2 A = \frac{a^2}{c^2}, \ \cos^2 A = \frac{b^2}{c^2}$$

再将等式两边同时乘以 c^2，我们得到

$$c^2 \sin^2 A = a^2 \quad (2)$$
$$c^2 \cos^2 A = b^2 \quad (3)$$

将（2）式和（3）式代入（1）式，我们得到：

$$c^2 \sin^2 A + c^2 \cos^2 A = a^2 + b^2 = c^2$$

再消去两边的 c^2，最终得到：

$$\sin^2 A + \cos^2 A = 1$$

这个等式被称作毕达哥拉斯恒等式，对化简复杂的三角函数式十分有用。因为我们上面并没有要求 $\angle A$ 是多少，那么意味着对任意的 $\angle A$ 这个等式都成立。

埃菲尔铁塔有多高?

想象一下我们正在测量法国巴黎埃菲尔铁塔的高度。假设我们站在离塔底中心 173 米远的位置,向塔顶看,我们的头仰起大约 60°。想象一个由所站的位置、塔底中心和塔顶三个点构成的直角三角形,我们可以发现,这个直角顶点正好落在塔底的中心位置,我们称这个位置为点 B,我们所站的位置为点 A,而塔顶为点 C,这样我们就得到下面的方程:

$$\frac{BC}{AB} = \tan 60°$$

为了确定 BC(也就是塔的高度),我们改写一下这个方程:

$$BC = \tan 60° \times AB \approx 1.73 \times 173 \text{ 米} = 299.29 \text{ 米}$$

所以埃菲尔铁塔大约有 300 米高。[⊖]

⊖ 算上天线,埃菲尔铁塔总高为 324 米。——译者注

圆

从一个圆的圆心到圆周上任意一点的距离被称为这个圆的半径。圆的直径为半径的 2 倍。圆的周长为绕整个圆一周的长度。π 被定义为圆的周长和直径的比值。一个半径为 r 的圆，它的周长为 $2\pi r$，面积为 πr^2。

与圆相关的其他概念

与圆相关的其他概念还包括弧、弦、扇形和弓形等。弧是圆周上连续的一段曲线，在图中用红色表示。圆弧的长度与圆的周长以及这段圆弧所对的角 θ 有关，它可以用以下公式计算：

$$\frac{\theta}{360°} = \frac{弧长}{周长}$$

有时你会听人说起优弧和劣弧。在右图中，劣弧用红色标注，是小于半圆的弧；而圆上剩余的弧被称作优弧，是大于半圆的弧。如果我们把圆弧的两个端点用线段连接起来，这条线段就被称为弦。弦和劣弧围成的

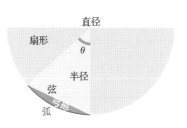

67

图形被称作弓形，而圆弧和它两侧的半径围成的图形被称为扇形。

其他四边形

还有两种四边形你可能见过，它们就是平行四边形和菱形。平行四边形的两组对边分别平行且相等，但四条边的长度不一定都相等。四条边的长度都相等的四边形就被称为菱形。

平行四边形的面积等于底乘以高。你可以通过剪纸将平行四边形拼成一个长方形来得到这个公式。

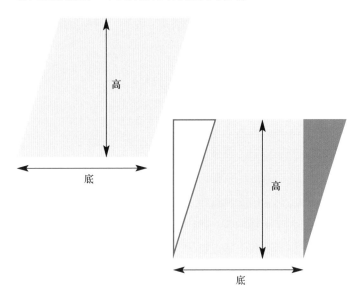

多边形

目前为止我们讨论过的大多数二维图形，包括正方形、平行四边形和三角形都可以归类为多边形的一种。多边形是由一些直线段围成的图形。正多边形是一种特殊的多边形，它们的各个边长度相等，各个内角也相等。

更多边的正多边形

正五边形
边数：5
内角：108°

正六边形
边数：6
内角：120°

正七边形
边数：7
内角：128.571°

正八边形
边数：8
内角：135°

正十边形
边数：10
内角：144°

正十二边形
边数：12
内角：150°

小知识　一个正多边形的内角为 $\dfrac{(n-2)\times 180°}{n}$，其中 n 表示边数。

立体图形

我们已经知道了主要的二维图形（平面图形），接下来我们看三维图形（立体图形）。

长方体和正方体

我们先从正方体开始。正方体是一个三维物体，由六个正方形围成，每个正方形都和另外两个正方形在顶点处相交。长方体也是类似的，但是大多数情况下它的每个面都是长方形而非正方形。

当我们考虑立体图形时，通常希望得到它们的体积，也就是它们所占据的空间大小。首先要定义一个用以度量的单位，比如一个长、宽、高均为 1 厘米的正方体的体积就是 1 立方厘米。

现在假设我们有一块黄油，它的长、宽、高都是 10 厘米，我们把它切成小块，每块都是 1 立方厘米。如果我们数这些黄油块，就会发现一共有 1000 个这样的小块，1000 这个数字是由 $10 \times 10 \times 10$ 得到的。

事实上，任何长方体（包括正方体）的体积，都可以通过长乘以宽乘以高得到，即：

$$长方体的体积 = 长 \times 宽 \times 高$$

　　所以一个长、宽、高分别为 30 厘米、20 厘米和 10 厘米的长方体的体积就是 6000 立方厘米。

　　我们还经常关心立体图形的表面积。一个长方体的表面由 6 个长方形组成，我们知道长方形的面积等于长乘以宽，那么长方体的表面积也就是 6 个面的面积之和，由此可得：

　　长方体的表面积 = （长 × 宽 + 长 × 高 + 宽 × 高） ×2

　　对于一个边长为 a 的正方体，这两个公式就更简单了：

$$正方体的体积 = a^3$$
$$正方体的表面积 = 6a^2$$

球

　　球是圆在三维空间中的对应。球的定义是三维空间中到一个定点的距离相等的所有点组成的图形。这个定点被称为球心；这个距离被称为半径（与圆类似），用字母 r 表示。

　　球的体积和表面积由下面的公式给出：

$$球的体积 = \frac{4\pi r^3}{3}$$
$$球的表面积 = 4\pi r^2$$

小试牛刀：长方体的表面积和体积

你要送给朋友一份生日礼物，是由 27 块积木组成的一套玩具。每块积木的长、宽、高分别是 7 厘米、3 厘米和 2 厘米。这些积木紧密地放在一个盒子里，码放了 3 层，每层 9 块（3×3 的形式排列）。那么每块积木的体积是多少？整个盒子的体积又是多少？（假设盒子的厚度可以忽略）如果你要给整个盒子进行包装，那么最少要用多大面积的包装纸？

柱体和锥体

还有一些重要的立体图形被数学家所关注。它们的表面积和体积公式也在下面给出：

棱锥

面数：取决于底面的形状

设底面积为 A，侧面积为 A'，高为 h，则体积 $=\frac{1}{3}Ah$

表面积 $=A+A'$

棱柱

面数：取决于底面的形状

设底面积为 A，底面周长为 l，高为 h

则体积 $=Ah$

表面积 $=lh+2A$

圆柱

面数：3

设底面圆的半径为 r，高为 h

则体积 $=\pi r^2 h$

表面积 $=2\pi rh+2\pi r^2$

圆锥

面数：2

设底面圆的半径为 r，高为 h，侧面的母线长为 s

则体积 $=\frac{1}{3}\pi r^2 h$

表面积 $=\pi rs+\pi r^2$

多面体

立体图形中还有一类规则的图形——正多面体，它们的每个面都是一样的，如下图所示。由四个或四个以上的多边形所围成的立体图形统称为多面体。

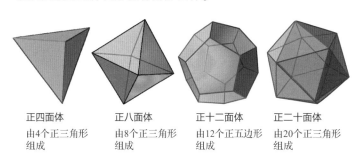

正四面体	正八面体	正十二面体	正二十面体
由4个正三角形组成	由8个正三角形组成	由12个正五边形组成	由20个正三角形组成

圆锥曲线

古希腊人对圆锥非常着迷。大约在公元前400年，柏拉图和他的追随者们就研究过圆锥的性质，欧几里得也是圆锥方面的专家。据说他写了数本关于圆锥的专著，虽然我们只能从后人著作的引用中管窥一二。

但是，关于圆锥及其性质，最值得铭记的工作是古希腊数学家阿波罗尼奥斯完成的，他生活在大约公元前262年到公元前190年。

他对这个领域最大的贡献就是所谓的圆锥曲线，它们是用平面从不同方向截取圆锥得到的交线。从不同的角度截取会得到不同的圆锥曲线，如下图所示。

抛物线   椭圆和圆   双曲线

椭圆

椭圆从外形上可以理解为"压扁的圆"，虽然它有更为严格的数学定义。椭圆是到两个给定的点（被称为"焦点"）的距离之和为定值的所有点形成的轨迹。

下图中的两个红点 F_1 和 F_2 就是这个椭圆的焦点。

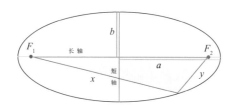

长轴和短轴

椭圆中通过两个焦点的直线被椭圆所截的线段称为椭圆

的长轴，通过椭圆中心（长轴中点）与长轴垂直的直线被椭圆所截的线段称为椭圆的短轴。

在我们的定义中，椭圆上的点到两个焦点的距离（也就是图中的 $x + y$）是常数。事实上，我们有下面的公式：

$$长轴长 = 2a = x + y$$

我们也可以计算短轴的长度。两个焦点的距离称为焦距，长度记为 f，那么：

$$短轴长 = 2b = \sqrt{(x + y)^2 - f^2}$$

而椭圆相比圆被"挤扁"的程度可以用离心率 e 表示：

$$e = \frac{c}{a} = \sqrt{\frac{a^2 - b^2}{a^2}}$$

椭圆的另外两个你可能想知道的性质是它的面积和周长。椭圆的面积公式是比较简单的（可以回顾一下圆的面积公式，看看有什么区别与联系）：

$$椭圆的面积 = \pi ab$$

而椭圆周长的精确计算则复杂得多，要使用无穷级数来表示。不过我们还是可以大概估计椭圆周长的近似值：

$$椭圆的周长 \approx \pi \left[3(a + b) - \sqrt{(3a + b)(a + 3b)} \right]$$

行星轨道

太阳系中所有的行星都是沿着椭圆轨道在绕太阳运行，

然而这些轨道仅仅比正圆偏离一点点，这也就是为什么直到
1609 年名为约翰内斯·开普勒的科学家才首先发现这一点。
他推翻了之前一直被认为的行星沿正圆轨道运行的说法，而
说明了行星是沿椭圆轨道运行的，而且太阳就位于这个椭圆
的一个焦点上。

艾萨克·牛顿接着发现天体运行的轨道可以是任何一种
圆锥曲线。然而一个沿着双曲线或者抛物线运行的天体（比
如某些彗星）经过太阳一次之后就会永远离开太阳系。

椭圆的研究被广泛应用在天文学中。

抛物线

抛物线是到一个定点和一条定直线的距离相等的点形成
的曲线。定点称为焦点，定直线称为准线。

在下图中，点（x，y）到抛物线焦点和准线的距离（两条蓝色的线段）永远是一样长的，不论你将点在抛物线上如何移动。

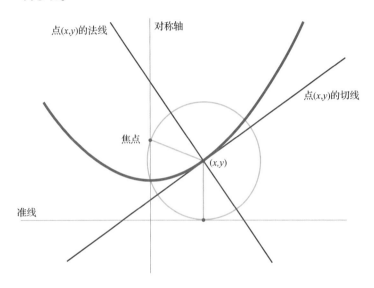

抛物线的方程有以下的形式：

$$y = ax^2 + bx + c \quad (a \neq 0)$$

其中函数 $y = x^2$ 的图象就是最简单的抛物线。有些彗星就以抛物线的轨道经过太阳。

双曲线

双曲线是两条互为镜像的曲线。在数学中，它是到两个定点（称为焦点，即下图中的点 F_1 和 F_2）的距离的差为定值的所有点形成的曲线。

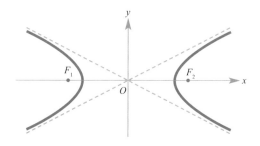

图中的虚线称为双曲线的渐近线，双曲线会越来越接近它的渐近线，但永远不会与渐近线相交。

双曲线可以表示成以下的方程：

$$\frac{x^2}{a^2} - \frac{y^2}{b^2} = 1$$

其中 a、b 也和两个焦点的距离有关。

小知识 抛物线（面）在日常生活中应用广泛，比如汽车前照灯的反射镜通常是抛物面。灯泡在抛物面的焦点位置，这就可以让灯发出的光线，经过反射镜的反射后变成平行光照亮前面的道路。

坐标

　　坐标定义了点和几何图形的相对位置。它由相互垂直的两条直线组成，一条是竖直的（y 轴），一条是水平的（x 轴）。

　　两条坐标轴相交的地方称为原点。这两条轴在两个方向上每隔 1 个单位都有标注。

标定位置

　　我们看图上的红点，小心地把红点水平移动到 y 轴上，它会和 8 重合；而把红点竖直地移动到 x 轴上，它会和 6 重合。我们就称这个点的横坐标（x 轴的坐标）是 6，纵坐标（y 轴的坐标）是 8。

　　坐标通常用括号表示，横坐标在前，纵坐标在后，中间用逗号隔开。所以图中红点的坐标是（6，8），而蓝点的坐标是（9，5）。

标量与向量

　　在数学术语中，那些只有大小没有方向的量称为标量，而既有大小又有方向的量则称为向量（在物理上通常称为矢量）。从红点到蓝点的带箭头的线段就是向量的表示方法：

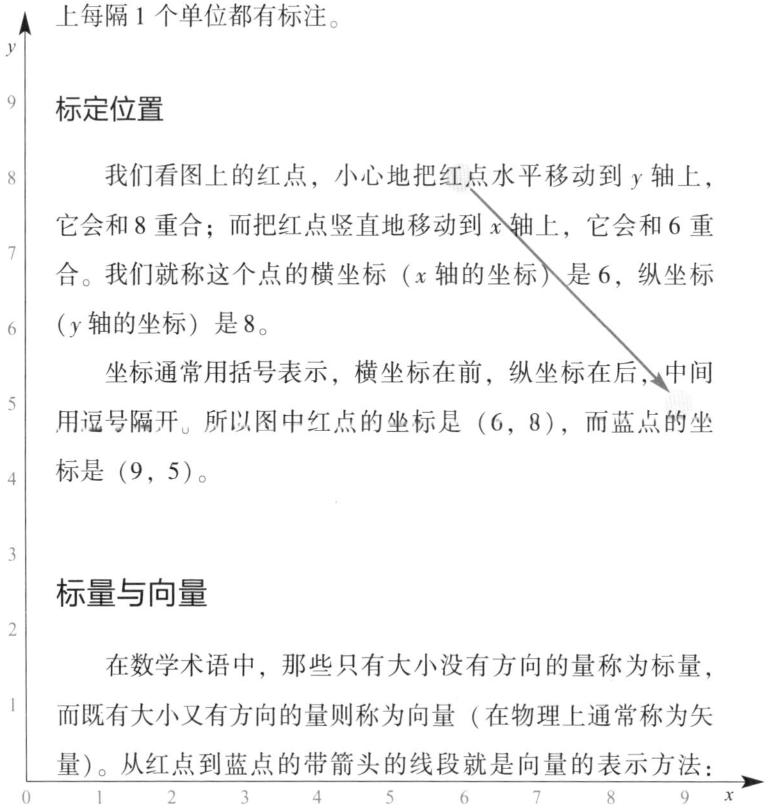

它的指向表示向量的方向，而长度则表示向量的大小。

速度还是速率？

这是一个能很好地说明向量和标量区别的例子。在日常表达中，速度和速率的意义几乎一致，但是数学上则有不同的看法。

假设一辆汽车在高速公路上以 100 公里的时速向北行驶。数学家会说这辆汽车的速率是 100 公里/小时，这是一个标量。而描述这个车的速度则需要说明它是 100 公里/小时，且朝向北方，这既有大小又有方向，所以说速度是一个向量。

对称性

对一些物体来说，被称为对称性的和谐外观来自数学上旋

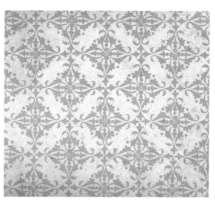

这个图案就是由单个的对称图形经过反复平移得到的。

转、平移和反射等操作。那些你可以在砖墙、墙纸和地毯上看到的重复图案在数学上就被看作是平移的结果，是由一个单一图案经过平移而且不断重复形成的。

李群

李群由19世纪的挪威数学家索菲斯·李引入，它可以帮助我们从数学的角度理解对称性。每一个对称图形，比如球形，都可以表示成一个三维空间中的李群（一个包括元素和对元素的数学运算的集合）。

但是数学家并不满足于仅仅停留在三维空间。一个由18位数学家组成的国际团队指出一个被称为E8的李群结构具有248维的对称性。如果把所有描述E8结构的方程和数据写下来，用掉的纸可以铺满整个纽约曼哈顿区。

E8李群的图形展示。人们用了100多年才解开它的谜团。

拓扑学

拓扑学最早在 18 世纪开始流行，当时的瑞士数学家莱昂哈德·欧拉发表了一篇关于著名的哥尼斯堡七桥问题的论文。

哥尼斯堡（今俄罗斯加里宁格勒）市区有一条河，河中心有两个小岛，小岛通过七座桥与河的两岸连接。问题在于能否找到一条路线，一次性通过七座桥并回到起点，不重复也不遗漏。从点 A 出发，你可以做到不重复地穿过所有桥吗？

不可解的谜团

这个问题的答案是不可能找到的，因为没有任何方法可以一次性走过七座桥，不重复也不遗漏。欧拉将城市的地图简化成只有点和线构成的图，并最终证明了这一点。在图上，桥所连接的地区被表示成点（称为顶点或结点），每座桥都被表示成线段（称为边）。

这种将复杂情况简化为由顶点和边构成的图并加以研究的数学学科称为图论，它就是拓扑学的一种。本质上，问题中图的形状并不是关键，只有顶点和边的相互作用才决定了问题的答案。

基本代数

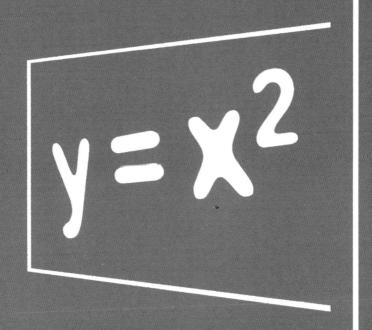

$$y = x^2$$

符号的使用

代数的核心就是"用符号代替数",通常是英文字母。这让我们可以制订关于数字的一般规则,也让我们能够计算出未知量。

常量和变量

我们观察一下这个简单的方程:$y = x + 2$。方程中的字母 x 和 y 称作变量,因为它们可以任意取值。比如,若 $x = 2$,则 $y = 4$;若 $x = 5$,则 $y = 7$。常量表示固定的数值,上式中的 2 就是常量。变量一般用字母表示,而在代数方程(或者表达式)中,常量有时候也会用字母表示。比如 $y = ax^2 + bx + c$ 中,a、b、c 表示常量,而 x 表示变量。

这个表达式 $y = ax^2 + bx + c$ 在数学上也被称作多项式,即多个单项式(如 ax^2、bx、c)的和,其中既有常量也有变量。

代数的起源

代数的英文"algebra"起源于阿拉伯语"al-jabr",关于它到底是什么意思还存在争议——有人说应该翻译成"重聚",也有人说是"完成",还有人说应该翻译成"平衡"

更好。

"algebra" 一词最早出现在波斯数学家穆罕默德·本·穆萨·阿尔·花剌子模的著作《代数学》的拉丁文译本中。这本书出版于公元 820 年左右，主要研究如何处理各种类型的代数表达式。

1983 年苏联为纪念花剌子模 1200 周年诞辰而发行的邮票。

虽然他给了我们"代数"这个名字，花剌子模并没有用字母去表示变量。相反，他把一切都写成了文字形式，比如他会用"平方"表达 x^2，用"根"表达类似 $5x$ 这样的项，用"某物"（shay）表达一个未知的变量。一些学者认为当花剌子模的著作被翻译成西班牙语时，"shay"被写成了"xay"，这可能就是"x"——xay 的缩写——经常被用作表示未知量的原因。

更早的起源

尽管花刺子模的影响十分广泛，但是代数的概念其实在更早的时候就为人所知了。

莱茵德纸草书揭示了古埃及人对线性方程的了解。中国人在西汉时就已经有了代数概念，《九章算术》中的一章就讨论了如何利用算筹求解线性方程组的方法，其中就已经使用"方程"一词。

小知识 毕达哥拉斯定理就是一个在花刺子模的著作发表之前就广为人知的代数方程。然而，就像其他代数概念一样，它经常被当作几何学的一部分。

图象

图象——用来表示方程的图形，是一个非常好的理解方程意义的方式。

我们可以用相对于给定的原点的横坐标和纵坐标来定义平面上的一个点。而图象的概念则进一步延伸，它可以展现出一系列点，这些点的横坐标（x）和纵坐标（y）满足由某个方程表示的关系式。

图象的应用

你可以使用图象来求解方程。假设你想找到满足方程 $x^3 + 5x = x^2 + 6$ 的 x 的解，你可以分别画出函数 $y = x^3 + 5x$ 和函数 $y = x^2 + 6$ 的图象，观察二者在哪里相交。交点的横坐标就是原方程的解。

图象并不一定要从零开始，你会经常看到有负数的图象，而坐标轴的交点依然是 $x = 0$，$y = 0$ 这一点。事实上，图象可以从任何地方开始，并且可以随意增长，比如成倍增长或逐步增长。

使用图象求解三次方程

波斯数学家莪默·伽亚谟于公元 1048 年至 1131 年居住在现在伊朗的内沙布尔。他在代数方面的主要著作是 1070 年出版的《代数问题的论证》。其中，伽亚谟提出了通过绘制两个不同的圆锥曲线的图象并根据它们相交处 x 的值来求解

函数 $y = x^2 + 1$ 的图象。为了验证，可以选择一个 x 的值，比如 $x=1$，对应的 $y=2$，我们发现点（1，2）恰好在绿线上。

蓝线显示了 y 和 x 相等的点（$y=x$）。

红线显示了 $y=2$ 的点。

三次方程（即未知量 x 的最高次数为 3）的方法。

伽亚谟同时也是著名的诗人，图为 19 世纪其作品《鲁拜集》
的英译本中，由爱德华·菲茨杰拉德创作的精美插图。

小知识　方程 $y = 8x^2 + 7x^2 + 6x + 5x + 7$ 中，等号右边的式子称为
代数式，其中每一个被加上去的元素叫作代数式的项。x 的次数相
同的那些项称为同类项，比如 $8x^2$ 和 $7x^2$。每一项前面的数字 8、
7、6、5 称为项的系数。

方程的类型

方程中未知量 x（或者任何我们希望知道的未知量）的最高次数决定了方程的类型。

一次方程

如果一个方程只包含 x 的一次项，没有更高的次数，比如 x^2、x^3，那么就称其为一次方程。一个典型的一次方程有如下形式：

$$ax + by + c = 0$$

其中 x、y 是变量，而 a、b、c 是常量且 a 与 b 不同时为 0。

如果你画出它的图象，会得到一条直线，所以它也被称为线性方程。

二次方程

一个方程的最高次项包含 x^2，也就是没有如 x^3 等更高次项，那么就称其为二次方程。一个典型的二次方程有如下形式：

$$ax^2 + bx + c = 0$$

其中 x 是变量，而 a、b、c 是常量且 a 不等于 0 （否则方程就变成一次方程了）。

高次方程

随着 x 次数的升高，我们有三次、四次和五次方程。x 的次数有多高并没有限制，但是高于五次的方程我们日常生活中就很难遇到了，而且求解它们变得非常困难。

图象的形状

不同次数方程的图象有不同的形状。一些常见的图象形状在下图给出。

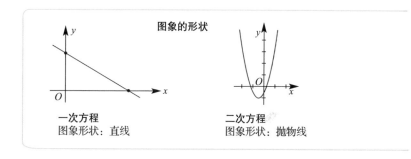

图象的形状

一次方程
图象形状：直线

二次方程
图象形状：抛物线

斜率

一次方程的图象（即直线）的斜率反映了这条直线和水平线形成的夹角的大小，也就是它的倾斜程度。

斜率通常用字母 k 表示，为了计算斜率，我们需要知道直线上两个点的坐标，记为 (x_1, y_1) 和 (x_2, y_2) [一]。

于是直线的斜率由下面的公式给出：

$$k = \frac{y_2 - y_1}{x_2 - x_1}$$

你可以选取直线上的任意两个点来计算斜率，一条直线的斜率是固定不变的。事实上对任何由一次函数 $y = ax + c$ 表示的直线（其中 a 和 c 是常数），它的斜率都是常数 a。

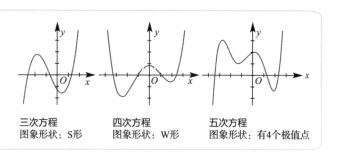

三次方程
图象形状：S形

四次方程
图象形状：W形

五次方程
图象形状：有4个极值点

由此可见，类似 $y = 2$ 的水平线的斜率等于 0，因为你可以把它写成 $y = 0x + 2$。

切线

切线是与曲线上一点刚好接触（相切）的直线（见下图中的绿色直线）。曲线上的任意一点都有不同的切线。图中曲线在波峰处的切线是水平的，用红色直线表示。我们可以利用计算直线斜率的公式来计算切线的斜率。

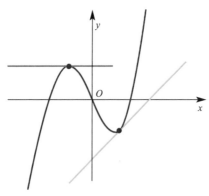

一条曲线上不同点处的切线。

极值点

极值点是一个图象曲线的波峰或波谷。更准确地说，极值点是曲线在该点的切线为水平线的点，也就是，使得该点的切线斜率为 0 的点。

如果你观察下面的图象形状，你就会发现极值点的个数永远比方程的次数少 1。比如说一个二次方程就只有 1 个极值点。

图象求解法

在花剌子模发现二次方程的代数求根公式之前，求解二次方程的唯一方法就是使用几何或图象。○

假设我们要求解二次方程 $x^2 - 8x + 15 = 0$，也就是说，我们希望找到 x 的值，使得 x 代入方程左边后计算得到 0。

现在我们希望在图象上找到满足 $x^2 - 8x + 15 = 0$ 的点。观察下面的图象：有两个使得 $y = x^2 - 8x + 15$ 的函数值（也就是纵坐标的值）为 0 的点，用两个紫色的点标注。我们只需要读出这两个点在 x 轴上的值，也就是 $x = 3$ 和 $x = 5$，就可以得到这个方程的解。（不妨尝试一下把结果代入方程，看看对不对?）

图象法也可以用来解决更困难的问题，比如求解三次方程。

○ 事实上，在花剌子模之前已经有不少可以求解部分形式的一元二次方程的方法，其中就有欧几里得的几何解法。而下文提到的坐标法并不是欧几里得的几何解法，因为坐标的概念远在一元二次方程求根公式发明近千年之后才出现。——译者注

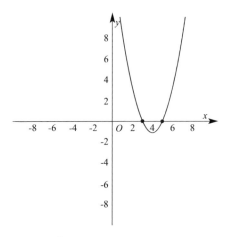

方程 $y = x^2 - 8x + 15$ 的图象。

因数

一个数 n 的因数（约数）是那些可以被 n 整除的整数。例如，12 的因数有 1、2、3、4、6、12。

括号的展开

在代数中，你经常会见到下面的式子：

$$a(x + 2y) = 0$$

也就是一个常数乘以一个被括号括起来的式子。这实际上是一种相对简便的写法。我们也可以把括号展开，这意味着将整个式子乘出来。由乘法的分配律，我们将括号里的每

项分别和 a 相乘然后相加，于是得到：

$$ax + 2ay = 0^\ominus$$

上面的两个方程的意义是一样的，但是第一个方程让我们少写了一个 a。这个例子不会帮助我们节约多少笔墨，但是在其他很多场合，括号展开与不展开有很大区别。

你也可以展开更复杂的方程，例如：

$$(x-5)(x+4) = 0$$

将第一个括号里的每一项和第二个括号里的每一项分别相乘再相加，我们可以得到：

$$x^2 + 4x - 5x - 20 = 0$$

合并同类项之后，我们得到：

$$x^2 - x - 20 = 0$$

小试牛刀：展开括号

你能用上面介绍的详细步骤来尝试展开下面的括号吗？

$3(y-5) = 0$　　　$(x-5)(x-7) = 0$

（提示：注意把一个括号里的每一项都和另一个括号里的每一项相乘，然后再相加。）

$\ominus$　由乘法交换律，我们可以交换 2、a、和 y 的位置。一般来说我们都把常数放在前面。

因式分解

如果将展开括号的步骤反过来操作会更加有用，它被称作因式分解，也就是找到一个多项式的因式，这能帮助我们求解方程。

我们知道，一个数 n 的因数是能够整除 n 的那些整数。类似地，因为 $(x-5)(x+4)$ 和 x^2-x-20 本质上是相等的，所以我们可以说 $(x-5)$ 和 $(x+4)$ 是 x^2-x-20 的因数（因式）。这听上去可能会令人困惑，但是如果把字母换成数字就容易理解了。仔细观察一下最初的方程：

$$(x-5)(x+4)=0$$

它表明，如果我们将 $(x-5)$ 和 $(x+4)$ 这两个式子乘起来，得到的结果是 0。而我们知道，若两数相乘等于 0，则其中必有一个是 0。所以这意味着要么 $x-5=0$，要么 $x+4=0$。也就是这个方程的两个根就是 5 和 -4。验算一下，将 5 和 -4 代入方程，得到的结果就是 0。

整理方程

当我们面对一个方程时，将各项重新整理有时会帮助我们更好地解方程。以这个方程为例：

$$2y^2+3y-3=\frac{1}{2}y^2+\frac{4}{y}+4$$

　　我们可以对这个方程进行多种数学操作，比如在两边同时加、减、乘、除任何的常数和变量（不过不能除以 0 或者等于 0 的式子），通过这些操作来让整个方程更容易理解并且能使用标准方法求解。

　　不论我们做什么，最重要的是要明确任何操作必须要在等式两边同时进行。

　　首先，我们将含有未知量的相同次数的项合并起来。比如在上式中，有两项包含 y^2，我们就可以在左右两边同时减去 $\frac{1}{2}y^2$，方程右边的第一项被消掉了，左边第一项变成 $\frac{3}{2}y^2$。我们也可以在两边同时减去 4，从而将常数项合并到等式左边，变成 -7。于是这个方程被整理成：

$$\frac{3}{2}y^2 + 3y - 7 = \frac{4}{y}$$

　　现在我们来看右边剩下的这一项。一般不含 $\frac{1}{y}$ 或者 $\frac{1}{y^2}$ 这样的分式的方程会容易处理一些，所以我们把等式的左右两边同时乘以 y（注意需要把左边的每一项都乘以 y）。于是得到：

$$\frac{3}{2}y^3 + 3y^2 - 7y = 4$$

　　而将等式的右边变成 0 会让方程更加简洁，所以我们在方程的两边同时减去 4，得到：

$$\frac{3}{2}y^3 + 3y^2 - 7y - 4 = 0$$

最后，我们将方程两边同时乘以 2 以消掉分数，得到：

$$3y^3 + 6y^2 - 14y - 8 = 0$$

小试牛刀：整理方程

将下面的方程整理成只有四项的三次方程：

$$5x^2 + 6x - 3 = \frac{1}{2}x^2 + \frac{3}{x} + 6$$

求解一次方程

一次方程的一般形式是 $ax + by + c = 0$（a、b 不同时为 0）。最简单的一次方程是那些 $b = 0$，也就是没有含 y 的项的方程。例如：

$$5x - 15 = 0$$

注意到常数 c 在这个例子里看上去是被减去的，似乎和上面的一般形式中的 "$+ c$" 不太相符。不过这没关系，减法可以被认为是加上一个负数，比如 $5x - 15$ 就可以被理解为 $5x + (-15)$。

为了求解这个方程，我们可以先对方程进行整理，使得只含有 x 的项单独占据方程的一边。

在上面的例子中，我们可以在方程两边同时加上 15，得到：

$$5x = 15$$

然后在方程两边同时除以 5，得到 $x = 3$。

方程组

假设你有两个朋友刚到咖啡店。一个说："我买了 1 杯卡布奇诺咖啡和 2 个小蛋糕，一共花了 7 美元。"而另一个说："我买了 3 杯卡布奇诺咖啡和 3 个小蛋糕，一共花了 15 美元。"那么一杯卡布奇诺咖啡和一个小蛋糕各需要多少钱？[⊖]

答案是一杯卡布奇诺咖啡 3 美元，而一个小蛋糕 2 美元。你可以不断试出答案，但是这显然不是解决代数问题的好方法。我们假设一杯卡布奇诺咖啡 x 美元，而一个小蛋糕 y 美

⊖ 这类问题在中国被称为鸡兔同笼问题，实际上等价于求解由两个线性方程联立而成的方程组。——译者注

元。将两位朋友说的话改写成代数的形式，我们得到：

$$x + 2y = 7 \quad （方程 1）$$
$$3x + 3y = 15 \quad （方程 2）$$

求解方程组

接下来我们就可以通过消去 x 或者 y，最终得到方程组的解。

首先把方程 1 的左右两边同时乘以 3。因为我们对方程两边同时操作，所以不改变这个等式。于是我们得到：

$$3x + 6y = 21 \quad （方程 3）$$

那么方程 2 和方程 3 都有相同的 $3x$。

接下来我们做一件巧妙的事情：用方程 3 减去方程 2。这是通过方程 3 的两边的每一项减去方程 2 两边对应的项来实现的，即：

$$3x - 3x + 6y - 3y = 21 - 15$$

我们可以整理成：

$$3y = 6$$

将方程两边同时除以 3，我们得到 $y = 2$，也就是说 1 个小蛋糕的价格为 2 美元。我们再将任意一个方程中的 y 替换为 2，然后计算得到 $x = 3$，也就是说 1 杯卡布奇诺咖啡的价格为 3 美元。

求解方程组的步骤：

1. 将其中一个方程乘以某个常数（通常是相同项系数的商），使两个方程中的某一个未知量具有相同的系数。

2. 将两个方程相减，消去具有相同系数的未知量。

3. 计算剩下的那个未知量。

4. 将解出来的未知量代入原方程，求解剩下的未知量。

以上是求解方程组的一般步骤。注意到为了求解出所有未知量，方程的数量必须等于未知量的数量。

小试牛刀：解开谜团

一个小男孩说：两年前，我爸爸的年龄是我的 4 倍。

他父亲说：三年后，我的年龄就是我儿子的 3 倍了。

那么父亲和儿子现在的年龄是多少？

（提示：用字母 x 和 y 来表示父亲和儿子的年龄。）

求解二次方程

前面我们提到过，如果能对二次函数进行因式分解就可以很快地求出二次方程的根。但是有时直接分解因式比较困难，比如下面这个例子：

$$x^2 + 4x - 2 = 0$$

我们可以用其他的办法来解。

我们先取出这个方程中的一次项系数，也就是 4，然后将它除以 2 再平方，得到 4。将方程的两边同时加 4，得到：

$$x^2 + 4x + 4 - 2 = 4$$

而方程的前三项可以写成 $(x+2)^2$，则方程变为：

$$(x+2)^2 - 2 = 4$$

然后我们可以整理成 $(x+2)^2 = 6$，于是得到：

$$x + 2 = \pm\sqrt{6}^{\ominus}$$

所以我们得到答案：

$$x = \pm\sqrt{6} - 2$$

将这个结果输入计算器你会发现答案约等于 0.449 和 −4.449（精确到小数点后 3 位）。

小知识 二次方程被广泛应用在许多行业，比如计算汽车的安全刹车距离。

⊖ 符号 ± 表示这个根可以是正的也可以是负的。虽然有时二次方程的根不一定是实数，但在复数的意义上二次方程永远有两个根。——译者注

不等式

不等式是用来比较数量大小的数学表达式，使用如下的符号：

<	>	≤	≥	≠
小于	大于	小于等于	大于等于	不等于

一个简单的不等式是 $x > 5$，其含义是：不论 x 的取值是多少，它总是比 5 大。

不等式的法则

与等式类似，我们也可以在不等式两边同时进行数学运算。

不等式的数学运算法则
如果 $x > y$，$y > z$，那么 $x > z$
如果 $x < y$，$y < z$，那么 $x < z$
如果 $x > y$，$y = z$，那么 $x > z$
如果 $x < y$，$y = z$，那么 $x < z$
如果 $x < y$，那么对任意的 z，有 $x + z < y + z$，$x - z < y - z$
如果 $x > y$，那么对任意的 z，有 $x + z > y + z$，$x - z > y - z$
如果 $x < y$ 且 z 是正数，那么 $xz < yz$

(续)

不等式的数学运算法则
如果 $x < y$ 且 z 是负数，那么 $xz > yz$
如果 $x < y$，那么 $-x > -y$
如果 $x > y$，那么 $-x < -y$
如果 $x > y$ 且 $xy > 0$，那么 $1/x < 1/y$
如果 $x < y$ 且 $xy > 0$，那么 $1/x > 1/y$
（其中 x、y、z 都是实数）

不等式的应用

我们可以利用不等式及其法则来解决生活中的实际问题。假设你有 20 美元，想买一条 5 美元的围巾，还要买一些书，每本书 3.7 美元。那么你最多可以买几本书？

我们可以把上面的条件写成一个不等式，用 b 表示书的本数，则：

$$5 + 3.7b < 20$$

我们在不等式两边同时减去 5：

$$3.7b < 15$$

然后在不等式两边同时除以 3.7（精确到 2 位小数）：

$$b < 4.05$$

也就是说，书的本数应小于 4.05 本，那么我们最多只能买 4 本书。

小试牛刀：曲奇饼干问题

你有 11 美元用来购买曲奇饼干。巧克力曲奇每块 0.2 美元，而葡萄干曲奇每块 0.15 美元，你更喜欢巧克力曲奇，但是两种你都想要买。实际上你想要买的巧克力曲奇的数量是葡萄干曲奇的 2 倍。那么你最多能买多少曲奇？

（提示：使用变量来表示两种曲奇的数量，根据条件写下相关的等式和不等式，并尝试求解它们。）

证明

数学家喜欢证明他们所发现的命题。通过证明某个命题，可以说明所得到的方程对任意值都适用。古希腊数学家欧几里得是第一个写下数学证明的正式规则的人。他的方法是先做出一些最基本的假设，然后使用逻辑推理，说明如果这些假设是真的，那么推导得到的结论也是真的。接下来就可以从这些结论出发，进一步证明其他结论。

数学上有三种常见的证明方法：

- 演绎法

演绎法是使用已有的假设和已证明的结论去证明新的命题的方法。例如，已知偶数的定义是能被 2 整除的整数，而奇数不能被 2 整除，那么你就可以通过演绎法来证明偶数加 1 得到的是奇数。

- 归纳法

想要证明一个与正整数 n 相关的命题，你可以从最基本的 $n=1$ 出发，先证明这个基本的命题是正确的，再证明随着 n 逐渐变大，递推得到的命题也是正确的（即证明如果命题对 n 成立，那么对 $n+1$ 也成立），从而证明命题对所有的正整数都是正确的。

- 反证法

反证法是先给出与命题结论相反的假设，再由相反的假设出发推导出一个明显错误的结论，于是说明开始的相反假设是错误的，即证明原命题是正确的。

小知识 在 17 世纪，法国数学家皮埃尔·德·费马在书页边的空白处写下了一个定理，他说他已经证明了这个定理，但是并没有写下如何证明。这个定理后来被称为费马大定理（也称为费马最后定理）。它的内容是：当整数 $n > 2$ 时，关于 x、y、z 的方程 $x^n + y^n = z^n$ 没有正整数解。英国数学家安德鲁·怀尔斯最终在 1995 年通过反证法证明了这个定理，整个证明过程写下来有 100 多页纸。

函数

函数可以被认为是一个有输入和输出的黑箱。将一个数输入黑箱，黑箱对其进行处理，然后再输出。比如说我们考虑函数 f，输入的是变量 x，那么输出的就是 $f(x)$。函数有很多种类，如三角函数和多项式函数等。例如我们可以定义函数 $f(x) = x^2 + 1$，并要求 x 是整数。如果 x 是 5 的话，那么 $f(x)$ 就是 26。

对于每个输入值，函数只有唯一的输出值。所以平方根不能被认为是一个函数，因为一个数（除零以外）的平方根有正负两个数。

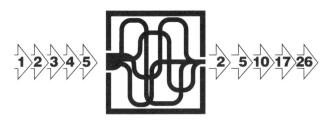

对于函数 $f(x)=x^2+1$，我们输入 $x=1$，得到 2；输入 $x=2$，得到 5，以此类推。

小知识　函数的概念与集合的概念密不可分。集合是一些互不相同的对象组成的集体，这些对象被称作元素。

集合通常用大括号表示，其中列举集合中的所有元素并用逗号分隔。例如：

光学三原色的集合 = {红色，绿色，蓝色}；前 4 个正偶数的集合 = {2，4，6，8}。

我们也可以用表达式来定义集合，例如：

$F = \{x \mid x = n+1, \, n$ 为整数，且 $0 \leqslant n \leqslant 10\}$

这是所有在 0~10 之间的整数 n 再加上 1 的集合，它实际上就是 {1，2，3，4，5，6，7，8，9，10，11}。

概率初步

概率基础

明天下雨的可能性有多大？如果你在伦敦的话可能是50%，如果你在开罗的话可能是15%。数学上描述某个事情发生的可能性大小的量被称为概率。我们将任何结果包含多种可能性的事件称为试验。

试验结果

每个试验都有一组可能的结果。比如在掷骰子的例子中，试验结果就是骰子的某一面朝上，记为1、2、3、4、5、6。而掷硬币的试验结果就是正面和反面。

我们把所有试验结果的集合称为样本空间，通常用字母S表示。

对掷一个骰子而言，试验结果的样本空间可以记为：

$$S = \{1, 2, 3, 4, 5, 6\}$$

事件被定义为样本空间中的一个子集合。例如，掷骰子时我们可以定义一个事件E为朝上那一面的数字小于4，即$E = \{1, 2, 3\}$。

最终，数学上定义一个事件 E 发生的概率为：

$$P(E) = \frac{E \text{ 所包含的试验结果的个数}}{\text{试验结果的总个数}}$$

概率总是一个介于 0 和 1 之间的分数或小数（有时用百分数）。一个发生概率为 0 的事件将永远不会发生，而一个发生概率为 1 的事件将必然发生（在试验的可能结果有无穷多个的情况下，这样的说法并不准确）。

如果我们掷一个骰子，掷出朝上那一面的数字小于 4 的概率是多少呢？答案是：

$$P(\text{掷出结果} < 4) = \frac{3}{6} = 0.5$$

这种基于可能结果的概率不同于主观概率。主观概率指的是一个人根据自己的经验和感受对某个事件发生的可能性的估计。

频率

假设你连续掷硬币 50 次，并记录下每次硬币的结果（正面朝上或反面朝上）。于是我们可以计算事件的频率：

$$\text{事件的频率} = \frac{\text{事件的出现次数}}{\text{试验的总次数}}$$

在我们的测试中，如果正面朝上的结果有 30 次，那么正面朝上的频率就是 $\frac{30}{50}$，也就是 0.6。

真实世界中事件的频率不一定等于事件的概率，而概率实际上是在理想的试验条件下我们所期望的结果。不过，在理想条件下，经过足够多次的试验，我们就会发现事件发生的频率和概率越来越接近。

概率树

概率树是展示试验的可能结果以及它们发生的概率的图表。

以从袋子中拿球的试验为例。在袋子中一共有 3 个不同颜色的球——红球、绿球和蓝球。第一次拿球的时候，拿出每个球的概率都是 0.333，如图中的概率树的第一层所记录的

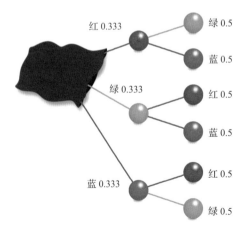

概率树可以用来计算组合事件的概率：树的同一层之间（垂直方向）的概率可以相加，而不同层（水平方向）的概率则需要相乘。

那样。一旦有一个球被拿出来了，第二次拿球的时候，剩下2个球就各有0.5的概率被拿出来。

阶乘

在概率论的研究中，我们经常需要把一系列连续的整数乘在一起，数学家发明出了一种简写的方法，称为阶乘。n的阶乘记为$n!$，由下面的公式给出：

$$n! = n \times (n-1) \times (n-2) \times \cdots \times 4 \times 3 \times 2 \times 1$$

例如，$4! = 4 \times 3 \times 2 \times 1 = 24$，$6! = 6 \times 5 \times 4 \times 3 \times 2 \times 1 = 720$。

阶乘在计算排列和组合的时候经常会用到。

排列

假设我们有 4 个不同颜色的球——红、黄、蓝、绿，它们藏在一个袋子里，我们要先后取出两个球，那么一共有几种可能的排列（即取球顺序）呢？

很明显，答案是 12 种。当你取第一个球时，有 4 种取法。而在取第二个球的时候，就只有 3 种取法了。所以总的取法有$4 \times 3 = 12$种。

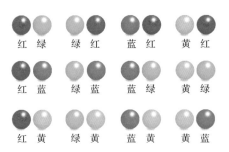

红 绿	绿 红	蓝 红	黄 红
红 蓝	绿 蓝	蓝 绿	黄 绿
红 黄	绿 黄	蓝 黄	黄 蓝

如果袋子里面有 12 个不同颜色的球,而我们要依次从中取出 6 个呢?当然我们也可以像之前一样将所有可能的排列列出来,但是还有一个更简单的办法。

当我们取第一个球的时候,有 12 种取法。当取第二个球的时候,有 11 种取法。第三个球有 10 种取法,第四个球有 9 种取法,第五个球有 8 种取法,第六个球有 7 种取法。这意味着所有取法的总数是 $12 \times 11 \times 10 \times 9 \times 8 \times 7 = 665280$ 种。

它看上去十分熟悉,非常类似 12 的阶乘,即 12!。实际上,它就是 12! 除以 $6 \times 5 \times 4 \times 3 \times 2 \times 1$,也就是 12! 除以 6!。

事实上我们可以推广到一般情况。从 n 个对象中取出 k 个并按顺序排列的取法数,被称为排列数,记为 $A(n, k)$ 或 A_n^k。它的计算公式如下:

$$A(n, k) = \frac{n!}{(n-k)!}$$

组合

与排列非常相关但又有所不同的另一个概念叫作组合。

在上面取出球的例子中，我们将先取出红球再取出黄球和先取出黄球再取出红球当成两种不同的取法。如果你不关心取球的顺序，不想重复数这两种取法的话，通过类似的逻辑我们就可以计算出组合数。

从 n 个对象中取出 k 个对象（并不计顺序）的取法数，被称为组合数，记为 $C(n, k)$ 或 C_n^k。它的计算公式如下：

$$C(n, k) = \frac{n!}{k!\,(n-k)!}$$

放回抽样的概率

假设你有一副扑克牌，从中抽出一张牌，抽到黑桃 A 的概率是多少？

根据前面的概率计算公式，我们知道：

$$P(\text{黑桃 A}) = \frac{1}{54}$$

我们现在把这张牌放回牌堆里，再从中抽出一张牌，抽到红桃 A 的概率是多少？因为总牌数还是 54 张，所以：

$$P(\text{红桃 A}) = \frac{1}{54}$$

接下来我们计算上面两个

事件同时发生的概率，也就是第一次抽到黑桃 A，放回后第二次抽到红桃 A 的概率。因为两个事件相互独立，所以我们只需要将它们发生的概率相乘：

$$P(\text{第一次黑桃 A，且第二次红桃 A}) = \frac{1}{54} \times \frac{1}{54} = \frac{1}{2916}$$

也就是说，像这样抽出 2 张牌的概率是 $\frac{1}{2916}$，这是一个非常小的概率。

不放回抽样的概率

假设我们希望求出在第一次抽出黑桃 A 之后不放回这张牌，第二次再抽到红桃 A 的概率。

我们仍然是将两次发生的概率相乘，但是第二次的概率发生了变化，因为第一次取走了一张，剩下的牌只有 53 张了。这意味着第二个事件发生的概率依赖于第一个事件，所以：

$$P(\text{第一次黑桃 A，且第二次红桃 A}) = \frac{1}{54} \times \frac{1}{53} = \frac{1}{2862}$$

这个事件发生的概率当然还是非常小，但是比之前放回抽样时的概率略高。

互斥事件有一个发生的概率

还有一种情形要求我们将概率加在一起，那就是当我们计算互斥事件有一个发生的概率的时候。A 和 B 是互斥事件，意味着 A 发生的时候 B 一定不发生，而 B 发生的时候 A 一定不发生，两者有一个发生的概率为：

$$P(A+B) = P(A) + P(B)$$

例如，从一副扑克中抽一张牌，抽到黑桃 A 的概率是 $\frac{1}{54}$，而抽不到黑桃 A 的概率是 $\frac{53}{54}$，这两个概率相加等于 1，意味着你抽一张牌，要么是黑桃 A 要么不是黑桃 A。

小知识　人们对概率学的兴趣最早来源于对赌博的兴趣。17 世纪的法国数学家布莱兹·帕斯卡和皮埃尔·德·费马（如果你还记得费马与大定理）相互通信讨论一个骰子游戏，内容是：如果连续 24 次掷两个骰子，掷两个 6 的可能性有多大。其他数学家很快就对这个新生的话题产生了兴趣。

生日问题

在一间屋子中至少需要多少人，才可以让里面至少有两个人生日相同的概率大于 50%？

答案是 23，是不是觉得不应该只需要这么少的人？让我们来看看这是怎么算出来的吧。

首先，我们计算所有人的生日互不相同的概率。第一个人在某一天过生日的概率是 1（因为他肯定有一个生日），第二个人和第一个人生日不同的概率是 $\frac{364}{365}$（只能在剩下的 364 天中选一天），第三个人和前两个人生日不同的概率是 $\frac{363}{365}$（只能在剩下的 363 天中选一天）…以此类推，对第 n 个人来说概率就是 $\frac{365 - n + 1}{365}$。

所有人生日都不相同的概率就是上面这些概率相乘，也就是：

$$P = 1 \times \frac{364}{365} \times \frac{363}{365} \times \frac{362}{365} \times \cdots \times \frac{365 - n + 1}{365}$$

计算得到结果为：

$$\frac{365!}{365^n (365 - n)!}$$

我们知道，所有人生日都不相同的概率与至少有两个人生日相同的概率之和为 1，于是就有：

$$P(至少有两个人生日相同) = 1 - \frac{365!}{365^n (365 - n)!}$$

让这个概率大于 50%，解出来 $n \geq 23$，也就是说只要 23 人就可以满足我们的要求了。

概率分布

概率分布是指用于描述随机变量取值的概率规律，即试验的全部结果及各种可能结果发生的概率。

离散型随机变量

假设有一个统计试验，检验学校里每个学生口袋里有多少硬币。硬币的数量是一个随机的变量，每次找一个学生，得到的结果可能都不一样。因为硬币的个数只能是整数，所以我们称之为离散型随机变量。

连续型随机变量

还有一些变量，例如高度，是可以取任意值的。这类变量被称为连续型随机变量。

一些常见的概率分布

分布类型	典型图象	性质
正态分布 （高斯分布）	0.4 0.3 0.2 0.1 0 　0　5　10　15　20	一个试验中，连续型随机变量向平均值聚集的分布，例如人们的身高。

(续)

分布类型	典型图象	性质
二项分布		二项分布的形状取决于独立重复试验的次数 n 和每次试验中事件发生的概率 p，它是一个离散的（不是连续的）概率分布，所以没有连续的图象。
泊松分布		泊松分布的形状取决于变量 λ，它是一个事件在单位时间内平均发生的次数。当 λ 很大的时候，泊松分布会趋近于正态分布。

游戏中的概率

概率在日常游戏中经常出现。例如，你可以利用概率知识在纸牌游戏中增加胜率。

21 点

21 点是一个非常适合用来学习概率的游戏。在这个游戏中，如果你手中的牌的和超过 21 点（J、Q、K 为 10，A 为 1 或 11），就被称为"爆牌"，你就会输掉游戏。下面粗略给出了你在手上已有各个点数下再拿一张牌就会爆牌的概率：

手上已有点数	爆牌概率	手上已有点数	爆牌概率
21	100%	15	54%
20	92%	14	46%
19	85%	13	38%
18	77%	12	31%
17	69%	11 或更小	0%
16	62%		

在这个游戏中，庄家相比玩家有微弱的优势⊖，因为如果玩家爆牌，就会立刻输掉游戏，而此时庄家不需要再拿牌。

小知识 在第一手牌就拿到"黑杰克"（即 A 和 10）直接获胜的概率大约为 4.8%，而不需要继续要牌（18 点及以上，可以获得一定主动权）的概率大约为 27.1%。

⊖ 事实上 21 点是常见的赌场游戏中庄家概率优势最小的一种，但是即使再小的优势，也会带来"久赌必输"的结果。——译者注

贝叶斯定理

假设你是一个医生，刚开始使用一个新的检测方法去检测一种罕见病。这个检测方法似乎非常准确，患病者每次检测呈阳性（患病）的概率为99%，未患病者每次检测呈阴性（未患病）的概率为99%。而这种病在总人口中只有0.1%的得病概率。那么如果一个人的检测结果为阳性，他真的患病的概率是多少？

一眼看上去既然这个测试很准，那么他患病的概率应该不小，但是我们还需要仔细地计算。我们需要使用贝叶斯定理，这个定理以它的发现者托马斯·贝叶斯命名。它有如下的形式：

$$P(A \mid B) = \frac{P(B \mid A)P(A)}{P(B)}$$

其中，A 和 B 为随机事件，$P(A)$ 是 A 的边缘概率，也就是事件 A 发生的概率；$P(A \mid B)$ 是 B 发生的条件下 A 的条件概率；$P(B \mid A)$ 是 A 发生的条件下 B 的条件概率；$P(B)$ 是 B 的边缘概率。

在我们的例子中，$P(A)$ 是患病的概率，也就是 0.1%；$P(B \mid A)$ 是患病的前提下，检测结果为阳性的概率，也就是 99%；$P(B)$ 是任何人检测结果为阳性的概率，我们需要计算一下，它等于这个病的患者检测结果为阳性的概率（即 $0.1\% \times 99\% = 0.099\%$）与健康人检测结果为阳性的概率

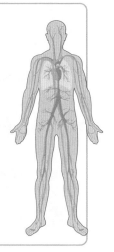

（即 99.9% × 1% = 0.999%）之和，约等于 1.098% 。

所以，一个人检测结果为阳性，而实际患病的概率为：

$$P(A \mid B) = \frac{99\% \times 0.1\%}{1.098\%} \approx 9.02\%$$

这个概率远远低于我们的想象，这意味着这个检测并没有我们想象的那么准。即使检测结果为阳性，也有极大的概率没有患病。

超越无穷

应用数学

应用数学是研究数学在其他学科（例如自然科学和工程）中的应用的学科。

早期的数学家主要研究经典力学，也就是研究物体的运动，例如球的反弹、加农炮的弹道以及天体运行的轨道等。

一些经典力学的方程⊖

概念	方程
速度	$v = \dfrac{\mathrm{d}s}{\mathrm{d}t}$
加速度	$a = \dfrac{\mathrm{d}v}{\mathrm{d}t}$
牛顿第二定律	$F = ma = \dfrac{\mathrm{d}(mv)}{\mathrm{d}t}$
匀加速运动的速度	$v^2 = u^2 + 2as$ （v 是末速度，u 是初速度，a 是加速度，s 是通过的位移）
匀加速运动的位移	$s = ut + \dfrac{1}{2}at^2$ （u 是初速度，a 是加速度，s 是通过的位移，t 是时间）

⊖ 表中加粗的字母表示矢量。

应用数学的实际应用

应用数学在实际生活中随处可见。航空公司使用数学模型来决定如何安排时刻表以最大化利用他们的飞机。投资公司使用数学模型来预测股票和其他投资品价格在一段时间内的变化，以帮助他们寻找更好的投资机会。

博弈论

1928 年，美籍匈牙利数学家冯·诺伊曼发表了一篇名为《论会客游戏的理论》的论文。它聚焦于如何利用数学来分析博弈结果，例如扑克和国际象棋。冯·诺伊曼很快发现博弈论在任何涉及有限个玩家的决策情形中使用的潜力。

博弈论最知名的一个应用就是囚徒困境。

警方拘留了两个犯罪嫌疑人，他们被分别关押起来。但警方没有足够的证据给任何一个人定罪，所以他们打算和两个人做交易。

如果一个人提供另一个人的犯罪证据，那么他就可以出狱，而另一个人就要坐很久的牢。

如果两个人都保持沉默，那么他们都将被判刑，但只需要接受很短的刑期。

如果两个人都揭发了对方，那么他们都将被判中等的刑期。

囚徒困境就是试图从嫌疑犯的角度找到最佳策略。你可以从下表中看出，从逻辑上来讲，两个人都应该揭发对方，不论对方是否揭发自己，因为这样做他肯定会获得相对短的刑期。但是在实际测试中，多数嫌疑犯都会选择保持沉默。

博弈论被用在许多领域，包括商业拍卖的设计和商业策略等。

可能的结果		
	B 沉默	B 揭发 A
A 沉默	每人判刑 9 个月	A 判 5 年，B 无罪
A 揭发 B	B 判 5 年，A 无罪	每人判刑 3 年

进位制

我们通常使用基于 10 的进位制，可能是因为我们有 10 根手指。但是，这并不是唯一使用的进位制。

十进制

这是我们比较常用的进位制，以 10 为进位单位。在一个数中，各个数位的值决定了这个数的大小。最右侧的数字决定了这个数有几个 1，向左边一位的数字决定了有几个 10，再向左边一位的数字决定了有几个 100，以此类推。例如：

十进制数 564357					
100000	10000	1000	100	10	1
5	6	4	3	5	7

所以在十进制下，$564357 = 5 \times 100000 + 6 \times 10000 + 4 \times 1000 + 3 \times 100 + 5 \times 10 + 7$。

十进制已经使用了上千年。古埃及的象形文字就显示了使用十进制的证据，商代甲骨文也显示中国在三千多年前就已经有了完善的十进制计数法。

二进制

另一个进位制在今天也被广泛地使用，不过是在计算机世界中。二进制——基于2的进位制，最早被古印度和中国学者提出，但在英国哲学家和科学家弗朗西斯·培根的努力下才迈出了明确的第一步。他认为字母可以根据二进制进行编码。二进制只使用两个数字——0和1，并且采用与十进制和十六进制类似的进位规则。一个数字每向左挪动一位，对应的数值都乘以2。例如：

弗朗西斯·培根被认为是二进制编码的鼻祖。

二进制数 1011101						
64	32	16	8	4	2	1
1	0	1	1	1	0	1

所以二进制数 1011101 在十进制中为 $1 \times 64 + 0 \times 32 + 1 \times 16 + 1 \times 8 + 1 \times 4 + 0 \times 2 + 1 \times 1 = 93$。

二进制中的加法有以下规则：$0 + 0 = 0$，$1 + 0 = 0 + 1 = 1$，$1 + 1 = 0$（并向下一位进 1），所以 $110 + 10 = 1000$。

二进制中的减法有以下规则：$0 - 0 = 0$，$1 - 0 = 1$，$1 - 1 = 0$，$0 - 1 = 1$（从上一位中借 1），所以 $110 - 11 = 11$。

小试牛刀：二进制

二进制数 $11111 + 10101$ 的和是多少？

（提示：利用上面的加法法则，要记住就像十进制中逢十进一那样，在二进制中逢二进一。）

虚数

为了解决能否给出负数的平方根这一问题，意大利数学家拉斐尔·邦贝利在 16 世纪提出了虚数的概念。他引入了虚数 i，也就是 -1 的平方根，用于表示负数的平方根。

按照他的做法，我们可以把 -9 写成 $9 \times (-1)$，所以 -9 的平方根就应该是 9 的平方根乘以 -1 的平方根。所以我们得到：

$$\sqrt{-9} = 3i$$

虚数最初招致不少嘲笑，因为几乎没人能够理解 -1 的平方根这一概念，但最终虚数还是被其他数学家接受了。它在很多领域都有应用，包括涉及交流电的电气工程计算。

复数

数学家将数系扩充到复数，复数由实数部分和虚数部分组成，比如 $5+6i$ 就是一个复数。

小知识 瑞士数学家莱昂哈德·欧拉发现了一个将数学中最重要的几个常数（e、π、i、1、0）联系在一起的公式，它被称为欧拉恒等式：

$$e^{i\pi} + 1 = 0$$

谁发明了微积分

历史上许多数学家都对微积分的发展做出了贡献，包括 2000 多年前的芝诺和阿基米德。

1634 年，法国数学家罗贝瓦尔发明了一种计算曲线围成的图形面积的方法。不久之后法国数学家费马又做出了关于曲线的切线的重要工作。

17 世纪 60 年代，艾萨克·牛顿发表了他关于"流数"（即导数）的研究

戈特弗里德·莱布尼茨

成果。非常特别地，他关注一个点沿曲线运动的速度以及点的坐标随时间的改变，表明点的速度是与位移对时间的导数相关的。他同时也探索了积分学，也就是将导数变成原函数的过程。

17 世纪 70 年代，德国数学家戈特弗里德·莱布尼茨使用积分计算了曲线围成的图形的面积，这是这种方法第一次被使用。莱布尼茨也发明了我们所熟悉的微分符号 dx、dy 和积分符号 $\int$。

牛顿和莱布尼茨谁先发明了微积分一直存在争议，但事实上二者都对微积分的发展做出了巨大贡献，他们都被认为是独立的微积分发明者。

微积分的起源

微积分这一学科起源于人们对"如何计算曲线在某一点处的切线斜率"这一问题的研究。在前面我们讨论了直线的斜率，但一般需要两个点的坐标才能计算斜率。

为解决这一问题，微积分的技巧是先考虑曲线的割线，也就是和曲线相交于两点的直线，在下页的图中用蓝线标出。随着割线与曲线的两个交点越来越靠近，割线的斜率越来越接近图中绿线所示的切线的斜率。

我们来计算函数 $y = x^2$ 在 $x = 5$ 处切线的斜率。假设曲线上有一点，它的横坐标为 $x_2 = x + h$，它非常接近 $x = 5$，这意味着 h 是一个很小的值。我们可以根据曲线的方程计算这一

点的纵坐标 y_2：

$$y_2 = (x+h)^2 = x^2 + 2hx + h^2$$

而割线的斜率为：

$$割线斜率 = \frac{y_2 - y_1}{x_2 - x_1}$$

将 $(x_1, y_1) = (x, x^2)$ 代入，得到斜率为 $\dfrac{2xh + h^2}{h} = 2x + h$。

我们可以将切线的斜率写成一个极限：

$$切线的斜率 = \lim_{h \to 0} 割线的斜率 = \lim_{h \to 0}(2x + h) = 2x$$

因为当 h 趋近于 0 的时候，$2x + h$ 趋近于 $2x$。所以在 $x = 5$ 这一点，切线的斜率应该是 $2 \times 5 = 10$。

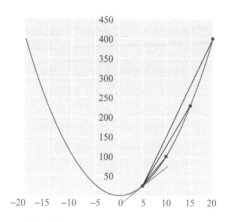

随着另一个点越来越接近于 $x = 5$，割线的斜率越来越趋近于切线的斜率。

数学家将以上过程推广到任意函数 $f(x)$，就得到了导数
的定义：

$$f'(x) = \lim_{h \to 0} \frac{f(x+h) - f(x)}{h}$$

注意左边 f 右上角的符号"′"，这表示它是函数 $f(x)$ 的
一阶导数，也就是说，它是由原函数求一次导得到的。一个
函数 y 的导数经常被写成 $\frac{dy}{dx}$。

微分和导数

寻找曲线切线的运算就是微分。更准确地说，微分是求
一个函数 $f(x)$ 在某一点的瞬时变化率（即切线斜率）的过
程。在微分学中，有一些常用的运算法则，在下表中给出。

运算法则	公式
多项式的导数	$\frac{d(x^n)}{dx} = nx^{n-1}$，例如 $\frac{d(x^3)}{dx} = 3x^2$
线性法则	$\frac{d(y+z)}{dx} = \frac{dy}{dx} + \frac{dz}{dx}$
乘积法则	$\frac{d(yz)}{dx} = z\frac{dy}{dx} + y\frac{dz}{dx}$
链式法则	$\frac{dy}{dz} = \frac{dy}{dx}\frac{dx}{dz}$
常数的导数	$\frac{dc}{dz} = 0$

积分

　　类似于从求曲线在一点处的斜率出发考察微分的过程，我们可以通过计算曲线下方围成的面积来理解积分。如何算出下图中蓝色区域的面积 S 呢？

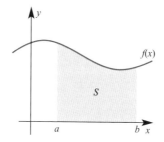

　　一个办法是将这个区域分成如下图所示的足够窄的长方形。

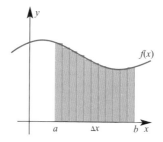

　　这些长方形的宽为 Δx（Δ 读作"德尔塔"，用来表示变量的改变量），而高就是在曲线上这一点的函数值。"这一点"听上去似乎有点奇怪，因为显然在一个长方形的宽以内

函数的值是变化的，意味着长方形的高并不固定。不过，随着长方形越来越窄（也就是它的宽度 Δx 越来越趋近于 0），在一个宽以内函数值的变化会越来越小，以至于在其中随便选取一点的函数值也不会对它的面积产生影响。数学家将这个过程写成下面的形式：

$$\int_a^b f(x)\,\mathrm{d}x = \lim_{n\to\infty}\sum_{i=1}^{n} f(x_i)\,\Delta x, 其中 \Delta x = \frac{b-a}{n}。$$

这被称为函数的定积分（因为整个积分被限制在 a 到 b 围成的区域之间）。

不定积分

我们知道，对常数求导的结果始终是零。这意味着对两个仅常数项不同的多项式求导时，结果应该是一样的，例如：

$$\frac{\mathrm{d}(x^3+3x+2)}{\mathrm{d}x}=3x^2+3, \quad \frac{\mathrm{d}(x^3+3x+6)}{\mathrm{d}x}=3x^2+3$$

这意味着如果我们做求导的逆运算，即对函数进行积分的话，我们就会遇到问题，因为 $\int (3x^2+3)\,\mathrm{d}x$ 既可以是 x^3+3x+2，也可以是 x^3+3x+6，事实上最后的常数项可以是任意常数。

所以数学家在求不定积分时会在最后加上一个常数项 C，表示任意常数，如下所示：

$$\int (3x^2 + 3)\,\mathrm{d}x = x^3 + 3x + C$$

常见的不定积分

不定积分	公式
多项式的不定积分	$\int ax^n \mathrm{d}x = \dfrac{ax^{n+1}}{n+1} + C$
三角函数的不定积分	$\int \sin x \mathrm{d}x = -\cos x + C;$ $\int \cos x \mathrm{d}x = \sin x + C;$ $\int \tan x \mathrm{d}x = -\ln \left| \cos x \right| + C$
指数函数的积分	$\int e^x \mathrm{d}x = e^x + C$
反比例函数的积分	$\int \dfrac{1}{x} \mathrm{d}x = \ln \left| x \right| + C$

分形

图中给出了一个分形的例子。分形最主要的特点就是它具有自相似性，也就是它的整体和部分是相似的。实际上，如果你放大并仔细观察其中的一个紫色斑点，你就会从中看到一个更小但和原图完全一致的图案。

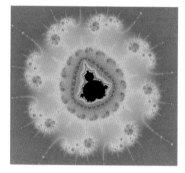

因为不论如何放大都会得到不断重复出现的相似图案，所以分形通常被认为是一个无限复杂的图形。

曼德博

"分形"一词是由法国数学家本华·曼德博在 1975 年提出的,尽管它已经被数学家讨论了很久。

令人惊奇的是这个有无限细节的图形仅仅基于两个看似简单的方程:

$$z_0 = 0,$$

$$z_{n+1} = z_n^2 + c, n = 0, 1, 2, \cdots$$

"看似简单"是因为其中的参数 c 是一个复数而非实数。图形中的颜色与递推的阶数有关,也就是方程中 n 能达到的值。如果你使用相同的方程但参数是实数,就不会产生这么美丽的图形了。

分形和许多日常现象相关。例如云的结构和海岸线的变化都可以通过分形来建立数学模型。

无穷

无穷,或者说无限的概念,最早似乎是由公元前 4 世纪的古印度数学家提出的。古希腊人也对无穷感兴趣,但是并不能很好地理解它。例如,亚里士多德承认无穷是一个真实存在的概念,比如时间似乎就是没有尽头的,数也是没有尽头的,因为你总能将你能想象的最大的数加 1。但是,他将无穷比作奥运会，他认为你可以向旁观者展示运动场和运动员，但不能展示"奥运会"这个概念，它是无法被理解的。亚里士多德认为无穷也是同样难以捉摸。

简单的无穷

你是否好奇过一共有多少偶数？稍微动下脑筋，你应该能猜到有无穷多个偶数。那么奇数呢？也是无穷多个。那么所有整数呢？当然也是无穷多个。

所有的无穷都是相等的吗？

逻辑可能会告诉我们这些无穷应该是不相等的。这将我们引向由德国数学家康托建立的可数无穷和不可数无穷的概念。

康托称当一个无穷的集合具有和所有自然数相同的基数时，它就是可数的。有限个元素所组成的集合也是可数的。而其他集合则称为不可数的。

小知识 无穷符号"∞"最早是在 1655 年由英国数学家约翰·沃利斯在他的著作《无穷算术》中提出的。

这意味着什么呢？如果我们可以在某个集合的元素和全部整数之间建立一个一一对应关系，我们就说它是可数的。

我们现在考虑自然数。我们知道对于每一个自然数 n，

都有唯一的奇数 $2n+1$ 与之对应，也就是说，自然数和奇数之间具有一一对应的关系。所以一个非常反直觉的结果出现了——自然数的个数和奇数一样多！

希尔伯特旅馆悖论

希尔伯特旅馆悖论是由德国数学家大卫·希尔伯特提出的，他虚构了一个有无穷多个房间的旅馆，在某晚这些房间已经被无穷多个旅客住满了。

而有一个新客人出现了，希望订一间客房。希尔伯特说："很简单。"他将新来的客人安排住进了1号房间，而原来1号房间的客人搬到2号房间，2号房间的客人搬到3号房间，以此类推。因为房间有无穷多个，每个人总能找到下一间房。

事实上，即使再来无穷多个新客人，只要是可数的无穷多，就依然可以住得下。假设来的客人和自然数一样多，我们只需要让原来的1号房间客人搬到2号房间，2号房间的客人搬到4号房间，…，将n号房间的客人搬到$2n$号房间，这

样就腾出了所有编号为奇数的客房，当然可以让所有新客人住下。

常用知识

+	0.00	0.01	0.02	0.03			
1.0	.0000	.0043	.0086	.0128			
1.1	.0414	.0453	.0492	.0531	.050		
1.2	.0792	.0828	.0864	.0899	.0934		
1.3	.1139	.1173	.1206	.1239	.1271		
1.4	.1461	.1492	.1523	.1553	.1584	.161	
1.5	.1761	.1790	.1818	.1847	.1875	.1903	
1.6	.2041	.2068	.2095	.2122	.2148	.2175	
1.7	.2304	.2330	.2355	.2380	.2405	.2430	.245
1.8	.2553	.2577	.2601	.2625	.2648	.2672	.2695
1.9	.2788	.2810	.2833	.2856	.2878	.2900	.2923
2.0	.3003	.3032	.3054	.3075	.3096	.3118	.3139
2.1	.3222				.3304	.3324	.316
2.2	.3424	.3283	.3263	.3284	.3502	.3522	.3345
2.3	.3617	.3444	.3464	.3674	.3692	.3711	.3541
2.4	.3802	.3636	.3655	.3856	.3874	.3892	.3560
2.5	.3970	.3820	.3638	.4031	.4048	.4065	.3747
2.6	.4150	.3997	.4014	.4200	.4216	.4082	.3927
2.7	.4314	.4166	.4183	.4362	.4378	.4099	.376
2.8	.4472	.4330	.4346	.4518	.4533	.4249	.3945
2.9	.4604	.4487	.4502	.4669	.4548	.4265	.4116
3.0	.4771	.4639	.4654	.4814	.4683	.4409	.4281
3.1	.4914	.4786	.4800	.4955	.4698	.4442	
3.2	.5051	.4928	.4942		.4564		
3.3	.5185	.5065	.5079				
3.4	.5315	.5198	.5092				
	.5328	.5211					

接下来的几页是一些数学事实和与数相关的表格，可能会对你有所帮助。这些表格包括常用的数学符号、基本的代数运算，以及一些数的平方、立方、平方根、立方根等。

常用数学符号

符号	意义	符号	意义
+	加号，加法	≤	小于等于
–	减号，减法	≥	大于等于
×，·	乘号，乘法	∝	正比于
÷，/	除号，除法	∴	所以
=	等于	⇒	推出
≈	约等于	∞	无穷
≠	不等于	$\sum$	求和
$\sqrt{}$	平方根	$\int$	积分
<	小于		
>	大于		

十的幂次

词头	10 的幂次	词头	10 的幂次
艾	10^{18}	分	10^{-1}
拍	10^{15}	厘	10^{-2}

（续）

词头	10 的幂次	词头	10 的幂次
太	10^{12}	毫	10^{-3}
吉	10^{9}	微	10^{-6}
兆	10^{6}	纳	10^{-9}
千	10^{3}	皮	10^{-12}
百	10^{2}	飞	10^{-15}
十	10^{1}	阿	10^{-18}

平方、立方以及平方根、立方根

数字	平方	立方	平方根	立方根
1	1	1	1	1
2	4	8	1.414	1.260
3	9	27	1.732	1.442
4	16	64	2	1.587
5	25	125	2.236	1.710
6	36	216	2.449	1.817
7	49	343	2.646	1.913
8	64	512	2.828	2
9	81	729	3	2.080
10	100	1000	3.162	2.154
11	121	1331	3.317	2.224
12	144	1728	3.464	2.289

(续)

数字	平方	立方	平方根	立方根
13	169	2197	3.606	2.351
14	196	2744	3.742	2.410
15	225	3375	3.873	2.466
16	256	4096	4	2.520
17	289	4913	4.123	2.571
18	324	5832	4.243	2.621
19	361	6859	4.359	2.668
20	400	8000	4.472	2.714

基本代数运算

方程	运算	运算结果
$x + a = y + b$	移项	$x = y + b - a$
$ax = by$	在等式两边同时除以 a	$x = \dfrac{by}{a}\,(a \neq 0)$
$(x+a)(y+b)$	含括号的乘法	$xy + bx + ay + ab$
$x^2 + ax$	提取公因式	$x(x+a)$
$x^2 - a^2$	平方差	$(x+a)(x-a)$
$\dfrac{1}{x} + \dfrac{1}{a}$	通分	$\dfrac{a+x}{ax}$

集合的符号语言

符号	意义	示例和说明
∈	属于	$4 \in \{1, 2, 3, 4\}$，说明 4 在这个集合内
∉	不属于	$2 \notin \{1, 3, 5, 7\}$，说明 2 不在这个集合内
∪	并集	将两个集合的所有元素合并到一起，如 $\{1, 2\} \cup \{3, 4\} = \{1, 2, 3, 4\}$
∩	交集	求两个集合的公共元素，如 $\{1, 2, 3, 4\} \cap \{2, 4, 6, 8\} = \{2, 4\}$
⊆	子集	表示前者是后者的一部分，如 $\{1, 2\} \subseteq \{1, 2, 3, 4\}$
$\|A\|$	基数	表示集合中元素的个数，如 $\|$红，白，蓝$\| = 3$
∅	空集	没有任何元素的集合
N	自然数集	自然数集 $N = \{0, 1, 2, 3, 4, 5, \cdots\}$
Z	整数集	整数集 $Z = \{\cdots, -2, -1, 0, 1, 2, \cdots\}$
Q	有理数集	有理数集 $Q = \left\{ \dfrac{a}{b} : a, b \in Z, b \neq 0 \right\}$，也就是所有可以表示成两个整数的比值的数的集合

进位制换算表

十进制	十六进制	二进制	十进制	十六进制	二进制
0	0	0	26	1A	11010
1	1	1	27	1B	11011
2	2	10	28	1C	11100
3	3	11	29	1D	11101
4	4	100	30	1E	11110

（续）

十进制	十六进制	二进制	十进制	十六进制	二进制
5	5	101	31	1F	11111
6	6	110	32	20	100000
7	7	111	33	21	100001
8	8	1000	34	22	100010
9	9	1001	35	23	100011
10	A	1010	36	24	100100
11	B	1011	37	25	100101
12	C	1100	38	26	100110
13	D	1101	39	27	100111
14	E	1110	40	28	101000
15	F	1111	41	29	101001
16	10	10000	42	2A	101010
17	11	10001	43	2B	101011
18	12	10010	44	2C	101100
19	13	10011	45	2D	101101
20	14	10100	46	2E	101110
21	15	10101	47	2F	101111
22	16	10110	48	30	110000
23	17	10111	49	31	110001
24	18	11000	50	32	110010
25	19	11001	51	33	110011

"小试牛刀"答案

数学概念

超级幂（P28）

7354267 可以写成 7.354267×10^6。

用倒数表示除法（P31）

我们知道 0.25 是 $\frac{1}{4}$，也就是 4 的倒数，所以 $8 \div 0.25 = 8 \times 4 = 32$。

运算顺序（P39）

按照运算顺序我们先算括号内的，然后先算乘方，4 的平方等于 16，再乘以 5 得到 80，再加上 2 等于 82。最后算括号外面的，加上 8 得到答案是 90。

数列快速求和（P43）

我们先把求和顺序变成 $1 + 10 + 2 + 9 + 3 + 8 + 4 + 7 + 5 + 6$，然后两两成对，发现每一对的和都是 11，一共有 5 对，于是我们得到和是 55。

几何字与三角学

解三角形（P64）

设这个锐角为 A，由正切的定义，$\tan A = \dfrac{\text{对边}}{\text{邻边}} = \dfrac{5.77}{10} = 0.577$，查表得知 $A = 30°$。因为我们知道这是一个直角三角形，所以有一个 $90°$ 的直角，而三角形的内角和为 $180°$，所以另一个锐角为 $60°$。

长方体的表面积和体积（P72）

每块积木的体积是 $7 \times 3 \times 2 = 42$ 立方厘米，而盒子的体积是 $42 \times 27 = 1134$ 立方厘米。盒子的长、宽、高分别为 21 厘米、9 厘米和 6 厘米，所以表面积为（长 × 宽 + 长 × 高 + 宽 × 高）× 2 = 738 平方厘米。所以为了包好盒子最少需要 738 平方厘米的包装纸。

基本代数

展开括号（P97）

$$3(y-5) = 0 \text{ 展开后为 } 3y - 15 = 0$$

$$(x-5)(x-7) = 0 \text{ 展开后为 } x^2 - 12x + 35 = 0$$

整理方程（P100）

$$5x^2 + 6x - 3 = \frac{1}{2}x^2 + \frac{3}{x} + 6$$

两边同时乘以 x，得到

$$5x^3 + 6x^2 - 3x = \frac{1}{2}x^3 + 3 + 6x$$

两边同时乘以2，得到：

$$10x^3 + 12x^2 - 6x = x^3 + 6 + 12x$$

将所有项移到左边，合并同类项后得到：

$$3x^3 + 4x^2 - 6x - 2 = 0$$

解开谜团（P103）

设父亲现在的年龄为 x，儿子现在的年龄为 y。

两年前：$x - 2 = 4(y - 2) = 4y - 8$，即 $x = 4y - 6$

三年后：$x + 3 = 3(y + 3) = 3y + 9$，即 $x = 3y + 6$

所以 $4y - 6 = 3y + 6$，解得 $y = 12$，代入任何一个方程可得 $x = 42$。

曲奇饼干问题（P107）

设买巧克力曲奇 x 块，葡萄干曲奇 y 块，则有 $x = 2y$。

而我们有不等式 $0.2x + 0.15y \leqslant 11$，将 $x = 2y$ 代入后得到 $0.4y + 0.15y \leqslant 11$，即 $0.55y \leqslant 11$，也就是 $y \leqslant 20$。所以最多可以买 20 块葡萄干曲奇，40 块巧克力曲奇，一共60 块。

超越无穷

二进制（P132）

二进制数 11111 在十进制中是 31，而二进制数 10101 在十进制中是 21，所以相加之后是 52，换算成二进制数是 110100。

我们也可以直接利用二进制数的运算规则，列成竖式有：

$$
\begin{array}{r}
1\,1\,1\,1\,1 \\
+\ \ 1\,0\,1\,0\,1 \\
\hline
1\,1\,0\,1\,0\,0
\end{array}
$$